姜太公兵法

司馬遷《史記・齊太公世家》稱：
「後世之言兵及周之陰權，皆宗太公為本謀。」

姜太公六韜目錄

文韜

武韜

龍韜

虎韜

豹韜

犬韜

姜太公六韜

韜者，太公所著之書也。六韜作於太公，以其時而論則周也。而叙書者，列於孫吳司馬之後者何也？蓋書之所傳，以其所得之先後而爲序，不必拘其時也。那，祀成湯之所詩也。商人所歌也。而乃列魯頌之後，魯烏得先商乎？必其所得者先後也。六韜不獲首於孫吳，此亦例也。

文韜

文師

文王將田，史編布卜曰：田於渭陽，將大得焉，非龍非彲，非虎非羆，兆得公侯，天遺汝師，以之佐昌，施及三王。文王曰：兆致是乎？史編曰：編之太祖史疇，爲禹占得皋陶，兆比於此。

文王之得太公，或以爲夢，或以爲卜，文王夢得聖人，此夢說也。史編布卜，此卜說也。太公之遇文王，或以爲屠，或以爲漁。屠牛朝歌，此屠說也；漁于渭陽，此漁說也。噫！信以傳信，疑以傳疑，聖人存則折之聖人，前聖既往，史傳所載不能無疑！大抵聖人之用人也以權，而賢者之應量也無常，文王之得太公，或以爲夢，或以爲卜，不足疑也。意其先夢而後卜，未可知也。在書有所謂朕夢叶朕卜，則先夢後卜，其理或然，而吾則以聖人之權託於此也。太公之遇文王，或以爲屠，或以爲漁，不足疑也。意其窮時無所不爲也。唐賢有所謂：朝歌屠叟辭棘津，八十年來釣渭濱。則先屠後釣，亦未可知也，正吾所謂應世無常也。文王將田，史編布卜，其兆則以非龍非彲，非虎非羆爲辭。在司馬太史公，嘗紀之於齊世家矣。則文韜所載，蓋亦有所本也。其曰以之佐昌；昌，文王名也。施及三王，以其佐文武與成王也。昔禹占得皋陶，其兆亦如此，此史編所以借是以實其事也。

文王乃齋三日，乘田車、駕田馬，田於渭陽，卒見太公坐茅以漁，文王勞而問之曰：子樂漁邪？太公曰：臣聞君子樂得其志，小人樂得其事，今吾漁，甚有似也，殆非樂之也。

文王既聞史編之言，知天之所遺者在是，故不敢輕之，於是乎致三日之齋，而講時田之禮，卒見太公坐茅而漁文於渭濱，王見其爲美丈夫，故勞而問之，試之漁樂。太公一聞其言，而情意相感，故因以言其志。太公謂君子樂得其志，小人樂得其事者，蓋人各有所欲，士君子貧之所養，將以求達之所施。昔諸葛亮人問其志，則笑而不言，及遇先生一話草廬之間，而三分基業已定，則君子之志必期有得也。太公之志，非樂漁也，寓於此而期於彼也。古者未行道之際，而求以行之，其志各有所樂也，初不在於物也。阿衡負鼎，百里飯牛，彼其志各有所得也。豈其樂邪？亦權之所寓也。若夫小人則唯其所作，乃其所樂也，故小人樂得其事。君子之所爲必有似也者，以其事在此而意在彼也，非樂於此也。

文王曰：何謂其有似也？太公曰：釣有三權；祿等以權，死等以權，官等以權。夫釣以求得也，其情深可以觀大矣！

太公既言漁之有似，文王未識其意，故問其何謂也？太公因言，釣之三權，祿死官之所寓也。蓋釣本以求得也。人之役於名利，亦以求得也。釣之爲事雖微，而其情深遠，可以觀大。言天下之事，即是而可知也。何小大之拘。夫三權之意，蓋君子出處之間，當求之己，不可以苟合也。祿、固可取也，然不可貪；官、故可就也，然不可冒；死固可爲也，然不可易；是三者莫不有權。知其權之所在，則萬鍾可受，豈以爲泰；三公可爲，豈以爲榮；剖心可忍，豈以爲難；不得其時，則亦不可以苟就矣。太公之意，蓋在於是也。噫！事必有所寓，釣豈其所樂。詹何之釣，豈其釣邪？治國之道也。知詹何之釣，寓於治國；則知太公之釣，必非所樂。三權所寓，即釣之情可知也。

文王曰：願聞其情。太公曰：源深而水流，水流而魚生之情也；根深而木長，木長而實生之情也；君子情同而親合，親合而事生之情也；言語應對者，情之飾也；言至情者，事之極也；今臣言至情不諱，君其惡之乎？文王曰：唯仁人能受至諫，不惡至情，何爲其然！

文王既聞太公之言，乃求其情之所在。太公乃以物情與人情，參而答之。蓋天下之事，惟志意相得者，乃可以盡其情。魚非水則不相得，實非木則不相得，事而不得其合，亦何以行其事耶？故源深水流而魚生之情，始於此；根深木長而實生之情，始於此；君臣叶和，情同親合，事豈不由是而生，事生之情，亦基於此矣，傳曰：聖賢相逢治具張。書曰：元首明哉，股肱良哉，庶事康哉，情同親合，所以爲事生之情也。情不易見，必託之言語應對之間而後顯，蓋言心聲也。情動於中而後形於言，故言語所以飾情也。而至情所言，乃事之極也。蓋事以情度，情以言顯，情之所至，則事之所極也。凡太公之所以言者，乃太公之至情，而其所言之事，則時事之極也。蓋當商之季世，是事極之時，而太公之告文王，乃其至情也，第恐文王疑而不之信耳，故謂臣之所言，皆至情無諱，而君惡之乎？文王之卜太公，正欲得其至情而與之圖事，烏得有惡，故以仁人受至諫爲言。蓋人而有愛人之心者，必能納至忠之言，彼其所言，必以受之也。文王之仁必已存矣，正欲得直言而以利天下，夫何惡其至情。故曰何爲其然，言必不若是其惡之也。

太公曰：緡微餌明，小魚食之；緡調餌香，中魚食之；緡隆餌豐，大魚食之。夫魚食其餌，乃牽於緡；食其祿，乃服於君。故以餌取魚，魚可殺；以祿取人，人可竭；以家取國，國可拔；以國取天下，天下可畢。

此言人君馭人之權，猶以釣取魚，而人爲權所馭，亦如魚之食餌也。餌之於魚，各隨其小大而取之，則魚無遺矣。魚之所以制於釣者，以食其餌也。人之所以制於君者，以食其祿也。故以爲餌取魚，則魚爲餌所殺。以祿取人，則人必爲祿所竭。何者？魚食於餌，人食於祿也。略曰：香餌之下，必有懸魚；重賞之下，必有死夫；亦此意也。自是而推之，小而家，大而國，又大而天下，其所以取之，皆一理也。彼惟有所貪，故必有所制，所以皆可取也。

嗚呼！曼曼緜緜，其聚必散；嘿嘿昧昧，其光必遠；微哉聖人之德，誘乎獨見；樂哉聖人之慮，各歸其次而樹斂焉。文王曰：樹斂若何而天下歸之？太公曰：天下非一人之天下，乃天下人之天下也；同天下之利者則得天下，擅天下之利者則失天下。天有時，地有財，

能與人共之者仁也；仁之所在，天下歸之。免人之死，解人之難，救人之患，濟人之急者德也；德之所在，天下歸之。與人同憂、同樂、同好、同惡者義也；義之所在，天下赴之。凡人惡死而樂生，好德而歸利，能生利者道也；道之所在，天下歸之。文王在拜曰：允哉，敢不受天之詔命乎?!乃載與俱歸，立爲師。

天下之理，盛者必衰，翕者必張。太公之意，大抵以陰謀爲尙。曼曼緜緜，其勢之盛，盛者必衰，故其聚必散，惟其始之嘿嘿昧昧者，而終則其光必遠。蓋無冥冥之志者，無赫赫之功，無昏昏之智者，無昭昭之明。天下之事，以微爲妙，聖人之德，亦已微矣。惟其微而不可見，此所以能成其大功也。聖人之德，人雖不見，而聖人於其至微之中，而能獨見之也。聖人惟能陰修其德，則其所慮者亦已當矣，故樂焉。唯其慮之也審，故必歸其所止之地，而天下可以樹斂也。文王未知其意，故復問以天下歸之之由。太公之意，蓋欲使之與天下共之，而後可以得之也。蓋得天下之道，不過乎公也。惟公也，故能與天下不可私也。天下非出於一人，而乃在於天下。故一人雖有所欲，不足以得天下。而天下之所歸，乃可以取天下。此所以爲天下之天下也。故同其利則得之，此公天下而以無心取之者也。權其利則失之，此私一已而以有心取之者也。舜禹有天下而不與，此以公而得之也。秦皇以始而傳位，此以私而失之者也。天有時，地有財，能與人共之者仁也。此亦公天下者，能與天下同其利也。天有可爲之時，使人自爲之；地有可取之財，使人自取之；聖人之所以能使天下同其利者，以其有仁心也。武王觀兵孟津，待時而發，鹿臺有財，從而散之，皆所以與之共之也。其仁可知也，仁則見親，此天下所以歸之也。德惟善政，政在養民，免其死，解其難，救其患，濟其急，皆德政之所施也。武王之興，救天下於水火之中，使斯民得離其害，其德可知也。惟民歸于一德，此天下所以歸之也。至於義則以宜為尙，憂樂好惡，一合於宜，則必當與之共之，武王應以興，則其憂樂好惡必與之同，其義可知也。義者人之所共由，此天下所以赴也。仁與德與道，皆言天下歸之。而義獨謂之赴之者，蓋以義制事，人所共欲，故必趨赴之。至於大道之行，則天下爲公，此道之所以能生利之也。汝墳道化，行葦忠厚，皆周家之所積也。道可以冒天下，宜天下歸之。文王一聞太公之言，而斯心適與之合，故信其所言，而實其所卜之辭，以受天詔命爲言，蓋卜以天遺爲辭故也。情合言投若是，可不載與歸乎？然太公之德，非可以臣用也，故立爲師。此師尙父之號所由起也。

盈虛

文王問太公曰：天下熙熙，一盈一虛，一治一亂，所以然者何也？其君賢不肖不等乎？其天時變化自然乎？太公曰：君不肖則國危而民亂，君賢聖則國安而民治，禍福在君，不在天時。文王曰：古之賢君可得聞乎？太公曰：昔者帝堯之王天下，上世所謂賢君也。文王曰：其治如何？太公曰：帝堯王天下之時，金銀珠玉不飾，錦綉文綺不衣，奇怪珍異不視，玩好之器不寶，淫佚之樂不聽，宮垣屋室不堊，甍桷椽楹不斲，茅茨偏庭不翦，鹿裘禦寒，布衣掩形，糲粱之飯，藜藿之羹，不以役作之故，害民耕績之時，削心約志，從事乎無爲，吏忠正奉法者尊其位，廉潔愛人者厚其祿，民有孝慈者愛敬之，盡力農桑者慰勉之，旌別淑德，表其門閭，平心正節，以法度禁邪僞，所憎者有功必賞，所愛者有罪必罰，存養天下鰥寡孤獨，賑贍禍亡之家，其自奉也甚薄，其賦役也甚寡，故萬民樂富而無飢寒之色，百姓戴其君如日月，親其君如父母。文王曰，大哉！賢君之德也。

盈虛治亂，雖若有數，實人君有以致之也，非天時必然也。建中盧杞之禍，唐文宗實基之，而乃且引桑道茂之語，謂天命當然，曾不知天理人事本一律也。人事盡處，是爲天理，不修其所以在人者，而泥其所以在天者，亦感矣。堯舜桀紂不可同日而語也久矣。寬簡之化，慈儉之德，堯舜之所以治也。暴虐之政，矯誣之行，桀紂之所以亡也。故國之安危，民之治亂，在乎君之賢聖不肖，而不在於天時也。文王聞在君不在天之言，乃求聞古之賢君。古之賢君，其帝堯之世，以崇儉爲德，以務本爲業，以任人爲能，以揚善爲尙，以防民則有法，以恤民則有政，以馭下則有權，以牽養則有節，自金銀珠玉不飾，至於削心約志從事乎無爲，此崇儉之德。堯舜之世，土器是用，漆器不造，至音是聽，淫聲不尙，其於金銀錦綉奇怪玩好淫佚之樂，皆所不好也。又豈有倡優后飾，如秦之末俗耶？珊瑚器用，如晉之弊政耶？作奇技淫巧，如商之季世耶？好淫娃之音，如鄭衛之俗耶？宮垣屋室，不致粉堊，甍桷椽楹，不加雕斲；茅茨雖遺而不剪；衣苟可衣，不嫌鹿裘布衣；食苟可食，不嫌其糲飯藜羹；居苟可安，不肯以役作之事，妨民耕績之時；又豈有丹楹刻桷，如魯侯之奢者乎？氈冠是聚，如鄭國之侈者乎？庖肥肉而民餓莩，築通天而民斂怨，如戰國之君乎？古之賢君，其待天下也以無心，故其治天下也以無爲，但見其非心黃屋，優游岩廊而已。則其所以削心約志，以從事於無爲者可見矣。尊位厚祿以待臣下，此以任人爲能也。夫臣之所以修己者，既盡其道，則上之所以示勸者，必盡其報，臣而有忠正奉法者，此人臣能承君之命者也。若此之人爲可任，故尊其位以貴之，廉潔愛人，此人臣能行已以恤民者也。若此之人爲不貪，故厚其祿以富之。其在三代之世亦然，伊尹告大甲，以有言必求諸道，罔以辨言覆邦，是能忠正奉法也。阿衡上公之任，非伊尹其誰居，一介不取人，爲下則爲民，是能廉潔愛人也。祿以天下，繫馬千駟，豈以爲過耶？民有孝慈之行者，愛敬之；有淑善之德者，旌表之，皆所以揚善也。其在三代之世亦然，成王嘗書其孝弟有學者，武王嘗式商容之閭，是亦愛敬旌表之意也。務農桑者，從而慰勉之，所以重本也。其在周室，有興甿之舉，在漢世有力田之科，是亦勉之之意也。平心正節，以法度禁邪僞，此防民之法也。必平心正節者，率之以己也。在成周之世，選賢能以長治，推禮樂以防情僞，立鄉刑以糾萬民，是亦禁之之意也。賞罰必當功罪，不以愛憎而爲輕重，此馭下之權也。其在成周之世，太宰以八柄詔王馭羣臣，內史以八枋詔王治，是亦馭之之權也。鰥寡孤獨四者，窮民也。禍亡之家，天患之所及也。必存養而賑贍之，此所以恤民也。文王發政施仁，成王荒政聚民，是亦恤之之意也。自奉以薄，言奉養之有節也。賦役欲寡，所以舒民之財力也。成周之世，雖好用匪頒賜予，莫不有式。其於民也，制劍法，以年之上下，起徒役，毋過於一人，是亦薄於自奉，寡其賦役也。能備是數者，則民必安其所，樂其業，家給人足，豈有饑寒之虞哉？！九年之潦，民無菜色，可以見矣。若是，則人之於上，必有愛敬之心。惟其有愛上之心，故親之如父母。天無二日，民無二王，是則民之戴上之心可知矣。惟其有敬上之心，故戴之如日月。文王既聞其言，得不深嘉而盛美之與？故曰：大哉賢君之德。噫！是德也，堯帝之德也。夫子嘗曰：大哉堯之爲君。則堯德可謂大矣，文王得不嘉歎之！

國務

文王問太公曰：願聞爲國之大務。欲使主尊人安，爲之奈何？太公曰：愛民而已。文王曰

：愛民奈何？太公曰：利而勿害，成而勿敗，生而勿殺，與而勿奪，樂而勿苦，喜而勿怒。文王曰：敢請釋其故？太公曰：民不失務則利之，農不失時則成之，省刑罰則生之，薄賦斂則與之，儉宮室臺榭則樂之，吏淸不苛擾則喜之。民失其務則害之，農失其時則敗之，無罪而討則殺之，重賦斂則奪之，多營宮室臺榭，以疲民力則苦之，吏濁苛擾則怒之。故善爲國者，馭民如父母之愛子，如兄之愛弟，見其飢寒則爲之憂，見其勞苦則爲之悲，賞罰如加於身，賦斂如取己物，此愛民之道也。

王者不能自尊，以有民而後尊；民不能自安，以得主而後安；是以尊主安人之道，必先於愛民。蓋愛民者，人常愛之，此所以人安而主尊也。愛民之道無他焉，必本之人情也。三王之政，必本人情。人情莫不欲壽也，我則生而不傷；人情莫不欲富也，我則厚而不困；人情莫不欲佚也，我則節其力而不勞。是以太公之答文王，必以利勿害成勿敗，六者釋之。且夫四民各有常業，皆所以利之也；書有所謂居四民時地利，則利之必在於四民不失其務，失則害矣。農有三時，所以成其事也；傳有所謂不奪民時，則百姓富，則成之必在於不失農時，失則敗矣。刑罰不濫而後民保其生；傳有所謂刑罰不中，則民無所措手足，是省刑乃可以生之也，不省而濫則殺之矣。善爲國者，務富民，所以予之也。傳有所謂百姓足，君孰與不足，則薄賦斂所以予之也，不薄則奪之矣。人得其佚則喜，是不可無以樂之也；傳有所謂文王以民力爲臺爲沼，而民歡樂之，則儉宮室臺榭可以樂之，侈而崇則苦矣。吏不擾則民安其業；傳有所謂其政平，其吏不苛，吾是以不能去，則淸而不擾者民必喜，苟濁而擾則怒矣。是以善爲國者，家視四海，子視兆民，一視同仁，篤近舉遠。其馭之也，殆如父母之於子，兄之於弟。其愛之之情猶己也；飢寒勞苦，豈不欲與之共，賞罰賦斂，豈不以身視之。昔者稷思天下有飢者，猶己之飢；禹思天下有溺者，猶己之溺；與夫文王視民如傷，是皆得愛民之道也。蓋有恤民之心者，必有恤人之政，此其道也。

大禮

文王問太公曰：君臣之禮如何？太公曰：爲上唯臨，爲下唯沉；臨而無遠，沉而無隱；爲上唯周，爲下唯定；周則天也，定則地也；或天或地，大禮乃成。

君臣有異職，斯有異分。君以知爲職，惟智乃能臨，故爲上在乎臨。臣以順爲職，惟順乃能沉，故爲下在乎沉。以上臨下，則易至於勢隔，故臨者不可遠，又欲親乎其臣也。下沉而順，則易至於不言，故沉者不可隱，又欲盡言於上也。昔者光武明謨糾斷，授諸將以方略，本以智臨之也。然慮其或遠乎臣，故於鄧禹則常置之臥內，與決謀議，則臨而無遠也可知矣。鄧禹深沉大度，是能以沉事上也。然不可或隱，故爲光武論諸將無遠圖，謂天下不足慮，則沉而又隱也可知矣。至於爲上唯周，則以其運動而爲謀也。爲下唯定，則以其靜守以不變也。君之周，所以法天，蓋以乾道行健，君子以自强不息，有得乎是也。臣之定，所以法地，蓋以地勢坤，君子以厚德載物，有得乎是也。故周所以則天，定所以則地，或天或地，則大禮以是而明。蓋天尊地卑，乾坤定矣。卑高以陳，貴賤位矣。是則君臣之道，既有所取；而君臣之分，亦以是明，此大禮之所以成也。

文王曰：主位如何？太公曰：安徐而靜，柔節先定，善與而不爭，虛心平志，待物以正。

此論聖人宅心之道。主位者，主之所以處心者也。安徐而靜者，所以退藏於密也。惟能安靜，則柔節先定於此矣。能靜而柔，此以謙處己也。惟以謙處己，故無心於勝物，宜其善予而不爭也。虛其心則不蔽，惟能虛其心，故志以是平，平其志則不欺，此以公而應下也。惟以公應下，故其所以待之者，皆不外乎正道。昔者文王之進養時晦，則安徐而靜也。徽柔懿恭，則柔節先定也。文王惟能以謙自處，故明昆夷之事有所不辭，乃善予而不爭也，其克宅厥心，不識不知，是又虛心平志也，文王惟能以公應下，故以正伐商，非待物以正乎？吾觀文王之所爲所行，不無得於太公之開悟也。

文王曰：主聽如何？太公曰：勿妄而許，勿逆而拒；許之則失守，拒之則閉塞；高山仰之不可極也，深淵度之不可測也，神明之德正靜其極。

此論人主之聽，不可不審也。書曰：有言遜于汝志，必求諸非道；有言逆于汝心，必求諸道，則是聽言者，不可以妄許妄拒也。妄而許之，必其內無所守，故謂之失守。逆而拒之，則言不敢進，故閉塞。大抵人之所以謀事者，必其內有所主，不可窮極也。且以高山言之；其高若不可極也，然山之巔，或可憑而遊，則高山猶有可極之理，未足爲難窮也。以深淵言之；其深若不可測也，然淵雖深，或可沉而沒，則深淵猶有可測之理，亦未足爲難窮也。至於兵之爲謀，本於聖人之心，有不可得而窮者，此神明之德也。神明之爲德，聖人以心而運智謀，妙而難知，既神且明，由其神明，而至於正靜之極，則其爲兵也。必一而不變，寂而不動，乃其德之極也。昔者文王之齊聖廣淵，克宅厥心，此文王之所以爲神明之德也。故其妙至於之德之純，則其正靜之極爲如何？文王惟充是德，所以能一舉而克商也。

文王曰：主明如何？太公曰：目貴明，耳貴聰，心貴智。以天下之目視，則無不見也；以

天下之耳聽，則無不聞也；以天下之心慮，則無不知也；輻湊竝進，則明不蔽矣。

此言人主在於兼聽廣覽，然後可以益其明。以一己之聞見爲聞見者，不若以天下之聞見爲聞見；以一己之智慮爲智慮者，不若以天下之智慮爲智慮。何者？目欲明，耳欲聰，心欲智，聰明智慮，所以能廣者，非一人能自足也。兼天下之心耳而爲之也。若是，則天下之人，皆將樂告以善，故輻輳竝進，而明不蔽。昔者大舜之濬哲文明，則舜之聰明智慮，爲不可及也。舜之所以能若是者，以其能明目達聰故也。文王之聰淵懿，文王之聰明智慮，爲不可以及也。文王之所以能若是者，以其能詢彼八虞也。古之明而不蔽者，唯舜文爲能盡之。

明傳

文王寢疾，召太公望，太子發在側，曰：嗚呼！天將弃予，周之社稷，將以屬汝，今予欲師至道之言，以明傳之子孫。太公曰，王何所問？文王曰：先聖之道，其所止，其所起，可得聞乎？太公曰：見善而怠，時至而疑，知非而處，此三者道之所止也。柔而靜，恭而敬，強而弱，忍而剛，此四者道之所起也。故義勝欲則昌，欲勝義則亡，敬勝怠則吉，怠勝敬則滅。

主以道勝，故道之所傳，不可不明也。夫道之大原出於天，而傳於聖人。然聖人不世出，故道有所傳，亦有所廢。道之傳，道之所起也。道之廢，道之所止也。道之所以起者，以其知所以治身待人之道也。聞善不能從，聖人以爲憂，則見善而怠者，是無志於善也。天與不取，反受其咎，則時至而反疑者，是失時也。順非而澤，聖人之所必誅，則知非而處者，是固意而爲之也。凡此三者，皆內而無所守，故不審所行，其何以能興，此道之所以止也。若夫所以修身者，極其至；所以待人者，無不備，則可以有爲矣，故道以此四者而起。柔不能靜，其失也懦，惟柔而靜，然後爲能定。恭不能敬，其失也矯，惟恭而敬，然後爲得禮。以是而修身，其德斯爲至矣！太強則折，故強必濟以弱；太忍則懦，故忍不專忍，必濟以剛。以是而待人，其德爲兼備矣！昔文王之興也，徽柔懿恭之德，積于厥躬，則文王之所以修身者，能柔而靜，恭而敬矣。及其推是以待人，則又能兼備其德焉。以三分有二之勢，非不強也，而以服事商，是強而能弱也。羑里明夷之際，有所不恤，是能忍也。而於伐商之事，必斷然爲之，非忍而剛乎？文王惟盡是四者，此文王之所以興也。太公之言，抑亦以文王之所爲者，而使武王繼之與？故義勝欲則昌，欲勝義則亡，厲公惟大於鄢陵之勝，厲公以死，非怠勝敬則滅乎？！

六守

文王問太公曰：君國主民者，其所以失之者何也？太公曰：不愼所與也，人君有六守三寶。文王曰：六守何也？太公曰：一曰仁，二曰義，三曰忠，四曰信，五曰勇，六曰謀，是謂六守。文王曰：愼擇六守者何？太公曰：富之而觀其無犯，貴之而觀其無驕，付之而觀其無轉，使之而觀其無隱，危之而觀其無恐，事之而觀其無窮。富之而不犯者仁也，貴之而不驕者義也，付之而不轉者忠也，使之而不隱者信也，危之而不恐者勇也，事之而不窮者謀也。人君無以三寶借人，借人則君失其威。文王曰：敢問三寶？太公曰：大農、大工、大商，謂之三寶。農一其鄉則穀足，工一其鄉則器足，商一其鄉則貨足，三寶各安其處，民乃不慮。無亂則鄉，無亂其族，臣無富於君，都無大於國，六守長則君昌，三寶完則國安。

臣有常德，民有常業，人主之所以君國主民者，其本在是。何以爲臣之德？六守者臣之德也。何以爲民之業？三寶者民之業也。六者以其出於人臣之所操守，故謂之六守。三者以其爲寶，故謂之三寶。六守者，仁義忠信勇謀也。富而不犯，是爲仁也。蓋富者易至於侈而失禮。若夫富而不犯，則不貪其富，必以分人而不至於犯禮，其存心必有仁也。昔者趙奢可謂富而不犯者也。王及宗室，有所賞賜，悉以分予士卒，是富而不犯也，其仁可知矣。貴而不驕，是爲義也。蓋貴者易至於驕以傲人。若夫貴而不驕，則不恃其貴，而無自大之心，其所爲必合義。昔田穰苴雖以大司馬之尊，而與士卒最羸弱者，此是能貴而不驕，其義爲足取矣。可以托六尺之孤，可以寄百里之命，必其忠者也。付之而堅守不轉，是爲忠也。高祖謂：周勃可以安劉，卒之誅呂强漢，不易所守者忠也。爲下唯沉，沉而無隱，臣之道，使之而不隱，必其有剛也。統國圖方略於金城，守便宜於屯田，可謂有使而不隱之信也。見危致命，士之大節，危而不恐，必其有勇也。李廣爲古賢王所圍，乃宜解鞍縱臥，是乃危而不恐之勇也。奇正發於無窮之源，其應事也不窮，則其謀爲莫善也。張良運籌，李勣多算，皆不窮之謀也。若夫三寶，則國之所寶，不可以借人，借人則失威，是無民誰與爲君也。孟子嘗曰：諸侯之寶三，土地、人民、政事，則人民之可寶也明矣。三寶則大農、大工、大商也。農安其居則可以足食，故農一其鄉則穀足。工安其居則可以給用，故工一其鄉則器足。商安其居則可以聚貨，故商一其鄉則貨足。是三者既安其處，則民有常業，宜其無他慮也。三者既異其居，則無亂其鄉，而無亂其族。昔者管仲分國爲二十一鄉，農工商各有所居，使農之子常爲農，工之子常爲工，商之子常爲商，長遊少習，不見異物而還，則其鄉與族，必不亂也。至於臣不可富於君，都不大於國，是又欲以上制下，以大制小，不可使之越分也。如齊之諸氏，則富於君矣；鄭之京城，則大於國矣，豈先王所以望後世耶？故六守長則國興，以其得士者昌也。三寶全則國安，以其本固邦寧也。

守土

文王問太公曰：守土奈何？太公曰：無疏其親，無怠其衆，撫其左右，御其四旁，無借人國柄；借人國柄，則失其權。無掘壑而附丘，無舍本而治末。日中必彗，操刀必割，執斧必伐。日中不彗，是謂失時；操刀不割，失利之期；執斧不伐，賊人將來；涓涓不塞，將爲江河；熒熒不救，炎炎奈何；兩葉不去，將用斧柯。是故人君必從事於富，不富無以爲仁。不施無以合親，疏其親則害，失其衆則敗。無借人利器，借人利器，則爲人所害，而不終其世。

守土之道，以人而固，以權而重，無疏其親，無怠其衆而下，皆以人固也。無借人國柄，是又以權重也。親者，親戚也；親不可離，故無疏其親。衆者，衆人也；衆不可忽，故無怠其衆，左右則其鄰近者也。賴之以衛，故當撫之。四方者，其交與者也。賴之以助，故必有以御之。既盡其所以待人之道，則其於守土也宜矣。柄者，上之所執，而下之所從也。不可以借人，借人則失其權，是倒持太阿，授人以柄也。既得其所以制人之權，則其於守土也亦宜矣。以至人之所侮者吾不之侮，人之所趨者吾不之趨，壑者，卑下之喩也；卑下者人之所侮，吾則不掘壑。丘者，崇高之喩也；崇高者人之所趨，吾則不附丘。本者，農桑之務也。末者，財貨之事也。本易以固，末易以滋，故無舍本而治末。以至人不可以無斷，斷蛇不可不分，刺虎不可不斃，人其可無斷乎?!日中不彗，操刀不割，執斧不伐，是皆不斷之過也。事不可以不防微，履霜有堅冰之戒，桃蟲有維鳥之成，微其可不防乎?!涓涓不塞，熒熒不救，兩葉不去，是皆防微之戒也。人君必從事於富，非欲聚財也，欲其有以及人也。不富無以爲仁，以其仁者樂施也。不施則人不聚，所以無以合親。疏親失衆，何以無利。借人利器，得無失權，宜其不宜則敗也。

文王曰：何謂仁義?太公曰：敬其衆，合其親，敬其衆則和，合其親則喜，是謂仁義之紀、，無使人奪汝威，因其明順其常。順者任之以德，逆者絕之以力。敬之無疑，天下和服。

兵固有正道，未達其道者，烏能無疑。仁義之道，不過乎得人心也。衆之與親，皆以心相向。敬其衆而不之慢，則人必和。合其親而不之離，則人必喜。旣有以得天下之心，斯可以盡兵道之要，故謂之仁義之紀。紀者，言其法之要也。禮有所謂以紀萬民者，言以此法可以總其要也。昔者成周之際，周官所載，皆仁義之道也。校登稽比之法，必以時舉所以敬其衆也。嘉禮之制，以親萬民所以合其親也。宜其太和之治，歡心各得，則其和喜爲如何?夫如是，故可以紀萬民。成周之際，惟備是道，此萬民之率伍，所以可得而會也。無使人奪汝威，所以謹其權也。因其明則無作聰明也。順其常則不悖其常也。或謂因人之明，是以天下之目爲目也。順人之常，以天下之制爲制也。或以明爲暘然之理，天下之所共見者，吾從而因之。順者任之以德，謂彼不悖於理，吾則撫之以善。彼不順，而逆兵之所必加，故絕之以力。敬之無疑，天下和服。是敬人者，人常敬之，所以能得天下之心也。

守國

文王問太公曰：守國奈何？太公曰：齊將語君，天地之經，四時所生，仁聖之道，民機之情，王即齊七日，北面再拜而問之。太公曰：天生四時，地生萬物，天下有民，仁聖牧之。故春道生，萬物榮；夏道長，萬物成；秋道斂，萬物盈；冬道藏，萬物靜。盈則藏，藏則復起，莫知所終，莫知所始，聖人配之以爲天地經紀，故天下治。仁聖藏，天下亂；仁聖昌，至道其然也。聖人之在天地間也，其寶固大矣。因其常而視之則民安。夫民動而爲機，機動而得失爭矣。故發之以其陰，會之以其陽，爲之先倡，天下和之。極反其常，莫進而爭，莫退而讓，守國如此，與天地同光。

欲以天下之大計告人者，必不可使易得也。太公因文王守國之問，而以天下之機告之。此大事也，不可以易言之，故必使文王齊而後語之，所以重其事也。夫天地之理至難測也，而有可得而見者，以有四時之所生也，仁聖之道至難明也，而有可得而諳者，以有民機之情也。欲知天地之理者，即諸造化之際而觀之可知矣。欲知仁聖之道者，即諸天下之機而求之可知矣。是以堯之欽若昊天，而必命羲和氏，以辨析因夷隩之時者，以其天地經常之理在於是也。堯欲授舜，必以其朝覲獄訟之所歸，以其仁聖之道在於此也。況夫天不言而四時行，地不言而萬物化，則天地者，四時萬物之主也。聖人作而萬物覩，則仁聖者萬民之主也。傳曰：天生民而立之君，使司牧之，此仁聖牧民之說也。且四時有代謝，萬物有榮枯。春，蠢也；萬物蠢動之時，故春主生，而物以之榮。夏，假也；萬物假大之際，故夏生長，而萬物以成。秋，以秋斂爲事，故萬物盈。冬，以藏復爲義，故萬物靜。四時雖有定位，而變化之道，有不可得而窮者，萬物於此盈則藏，藏則復起，亦不可得而窮。易曰：艮，東北之卦也；萬物之所成終而成始也，故終萬物始萬物者，莫盛乎艮，此則盈而藏，藏而起，莫知終始之說也。聖人配之以爲天地經紀所以輔相天地，而使天下之事各得其序也。仁聖之在天下，未嘗無也。而所以有隱顯者，因治亂而異也。天下治則百姓皆曰自然，安知帝力何有於我哉，此仁聖所以不聞於世，故曰仁聖藏。及天下危亂之際，斯民思后之心切，必求仁聖而歸之。而仁聖之君，德澤始行於天，故曰仁聖昌，此非仁聖有盛衰也。消息盈虛，理所當然也。昔者唐堯至治之世，蕩蕩而民無能名，則仁聖之藏可知也。及夏商之季，來蘇之民望乎湯，迎師之衆歸于武，而湯武之仁聖始昌矣。是以聖人位乎天地之間，其所寶者大矣。寶者何？位也。易曰：聖人之大寶曰位，其寶不亦大乎？聖人位乎民上，不可以悖民之性而擾之。故因其常而視之，使民各得其所，此揚子言虞夏之君，所以曰垂拱而視天民之阜，以其能因其常也。若天機之所觸則必有動焉，機動則有從違，所以得失爭焉。惟有得失，故善取天下者，必有其術，發以陰，會以陽，此聖人取天下之術也。方其兵之未用之始，則惟恐人之或知，故發之必以陰，陰者取其隱而難知也。及其將用之際，則復恐人之或不知，故會之以其陽，陽者取其顯而易見也。昔者文武之君，伐商之際，陰謀修德，則發之以其陰也。及牧野之役，乃明誓以告天下，非會之以其陽乎？惟得其術，故能爲天下先倡，而天下從而和之，此八百國之所以不期而會也。極反其常，則以道之所極，不可以常理拘，必權而後可也。法有所謂戰權在乎道之所極，此反經而合道之說也。其用之也，必得其中。時未可爲，則莫進而爭，雖三分有二，未免於事商；時既可爲，莫退而讓。是以折蓍毀龜，必往而後可能盡。此可以長久守國矣，此所以與天地同光。

上賢

文王問太公曰：王人者，何上何下，何取何去，何禁何止。太公曰：王人者，上賢，下不肖，取誠信，去詐僞，禁暴亂，止奢侈，故王人者，有六賊七害。文王曰：願聞其道。太公曰：夫六賊者，一曰：臣有大作宮室臺榭，遊觀倡樂者，傷王之德；二曰：民有不事農桑，任氣遊俠，犯歷法禁，不從吏教者，傷王之化；三曰：臣有結朋黨，蔽賢智，障主明者，傷王之權；四曰：士有抗志高節，以爲氣勢，外交諸侯，不重其主者，傷王之威；五曰：臣有輕爵位，賤有司，羞爲上犯難者，傷功臣之勞；六曰：強宗侵奪陵侮貧弱者，傷庶人之業。七害者，一曰：無智略權謀，而以重賞尊爵之故，強勇輕戰，僥倖於外，王者愼勿使爲將；二曰：有名無實，出入異言，掩善揚惡，進退爲巧，王者愼勿與謀；三曰：朴其身躬，惡其衣服，語無爲以求名，言無欲以求利，此僞人也，王者愼勿近；四曰：奇其冠帶，偉其衣服，博聞辯辭，虛論高議，以爲容美，窮居靜處，而誹時俗，此姦人也，王者愼勿寵；五曰：讒佞苟得，以求官爵，果敢輕死，以貪祿秩，不圖大事，得利而動，以高談虛論，說於人主，王者謹勿使；六曰：爲彫文刻鏤，技巧華飾，以傷農事，王者必禁之；七曰：僞方異技，巫蠱左道不祥之言，幻惑良民，王者必止之。故民不盡力，非吾民也；士不誠信，非吾士也；臣不忠諫，非吾臣也；吏不平潔愛人，非吾吏也；相不能富國強兵，調和陰陽，以安萬乘之主，正群臣，定名實，明賞罰，樂萬民，非吾相也。夫王者之道，如龍首，高居而遠望，深視而審聽，示其形，隱其情，若天之高不可極也，若淵之深不可測也。故可怒而不怒，姦臣乃作；可殺而不殺，大賊乃發；兵勢不行，敵國乃強。文王曰：善哉！

進賢退不肖，爲治之要務也。故王人上賢下不肖，遇民以信，至治之世也。故王人取誠信，去詐僞，暴亂者有以傷吾之治，故禁之；奢侈者有以變吾之俗，故止之。成周之際，以賢制爵，所以上賢下不肖也。在布有飾僞之禁，所以取誠信去詐僞也。以刑五禁，所以禁暴亂也。靡者使徵，所以去奢侈也。人主之所上、所下、所去、所取、所禁、所止者在是，此六賊七害所以在所防也。六賊七害，皆不肖詐僞暴亂奢侈者之所爲，此王者所以有以防之也。惟不肖詐僞暴亂奢侈者所去，則吏民士臣，必欲其各盡其能。爲民者必有常業，故不盡力者，不足以爲吾民。古者閑民無常職，猶轉移執事，況有事而不盡力乎？士以合志同道爲尚，士而不誠信，不足以爲吾士。古者友以任得民，則相與可不以信乎？事君有犯無隱，人臣之節也。古者天子有諍臣七人，爲臣而不諍，豈其臣耶？廉吏是爲民表，故平潔而愛人，乃其事也。古者廉潔愛人者，必厚其祿，不能平潔以愛人，豈其吏耶？至於宰相大臣，則謀國之所統，陰陽之所總，人君之所倚毗，臣下之所取法，吏治之所由核，勸懲之所自出，萬民之所仰望，盡是數職，乃可以爲相，不能則非相也。若夫王者之道，則儼然可謂如龍首焉。龍者人君之象也；易於乾象，以龍明之。至九五之位，乃人君之位也；則以飛龍在天，大人造也爲言，則王者之道，如龍首也明矣。九重之上，黼坐之間，垂衣拱手，俯監四海，非高居而遠望乎？前旒蔽明，黈纊塞耳，非深視而審聽乎？天威不違咫尺，其形必有所示也。獨運陶鈞之上，其情不以隱乎？蓋不有以臨乎下，則不足以得其心；不有以密其機，則不足以乘其時。示其形者，所以臨之也。隱其情者，所以谿之也。著天之高不可得而極，若淵之深不可得而測，此言王者之道高深，如天地不可俄而測度也。人君之道唯若是，其不可窮，故其用之，亦欲其當。古人有言，當斷不斷，反受其亂，天與不取，反受其咎，故可怒不怒，可殺不殺，皆當斷而不斷也。是以姦臣得以作，而大險得以發，此所以養成王鳳之姦，而曹操所以不能討司懿馬也，兵勢不行，是不能因天時以取之也，故敵國乃強。此吳王棲越王於會稽，而越王卒以伯，是也。斯皆至當之言，文王安得不善。蓋其言旣盡乎理，則於吾不能無以美之也。

舉賢

文王問太公曰：君務舉賢而不獲其功，世亂愈甚以至以危亡者，何也？太公曰：舉賢而不用，是有舉賢之名，而無用賢之實也。文王曰：其失安在？太公曰：其失在君，好用世俗之所譽，而不得眞賢也。文王曰：如何？太公曰：君以世俗之所譽者爲賢，以世俗之所毀者爲不肖，則多黨者進，少黨者退，若是則群邪比周而蔽賢，忠臣死於無罪，姦臣以虛譽取爵位，是以世亂愈甚，則國不免於危亡。文王曰：舉賢奈何？太公曰：將相分職而各以官名舉，人按名督實，選才考能。令實當其名，名當其實，則得舉賢之道也。

齊侯問郭何以亡，父老以爲善之而不用。子張問中行氏所以亡，夫子謂中行氏尊賢而不能用之。則有名無實者，豈王公之尊賢與？求其所以失之之源，則在於王以妄譽而妄取之也。如以世俗毀譽，而爲賢不肖，則朋黨之說進，而忠臣賢士無所容矣。昔者齊威王可謂不惑於毀譽也。召即墨大夫語之曰：

自子之居卽墨也，毀言日至，然吾使視卽墨，田野闢，人民給，官無事，是子不事吾左右以求助。召阿大夫語之曰：自子守阿，譽言日至，然吾使人視阿，田野不闢，人民貧餒，趙伐鄄，子不救，衛取薛陵，子不知，是子厚幣事吾左右以求譽也。是日烹阿大夫及左右常譽者，封卽墨大夫以萬家。是則威王知以爲賢不肖者，不在於世俗之毀譽矣。善乎！孟子之言曰：左右皆曰賢，未可也；諸大夫皆曰賢，未可也；國人皆曰賢，然後察之；見賢焉，然後用之；是則舉賢者，必欲得其實而後可也。此太公所以欲使將相分職，各以官名舉人，而責其名實才能之相副也。

賞罰

文王問太公曰：賞所以存勸，罰所以示懲，吾欲賞一以勸百，罰一以懲衆，爲之奈何？太公曰：凡用賞者貴信，用罰者貴必，賞信罰必，於耳目之所聞見，則所不聞見者，莫不陰化矣。夫誠暢於天地，通於神明，而況於人乎？

賞罰二柄，勵世磨鈍之術，有功不賞，有罪不誅，雖唐虞不能化天下，況於治兵馭衆之際，獨能舍是哉。是以孫子則有賞罰執行之說，尉子則有明賞決罰之說，衛公則有先愛後威之說，言二者不可偏廢也如此，然人君執權以馭臣下，不徒設也，有意存焉。賞罰者，權也。勸懲者，意也。傳曰：賞當功則臣下勸，非賞以示勸乎？書曰：罰使汝而弗可悔，非罰以示懲乎？湯誓有曰：予其大賚汝，予則孥戮汝，皆所以示勸懲也。賞罰惟不以示勸懲，故賞一可以勸百，罰一必欲可以懲衆，以其所及者寡，而所化者衆也。欲人有所感化，則所以用其權者，又欲其誠，惟誠則人必有所勸懲矣。信其賞者，其賞之不虛也。必其罰者，所罰之不疑也。齊威王一烹阿大夫，賞卽墨大夫，而諸侯以服，漢宣帝一信賞必罰，而單于請臣，信必之效，其施於天下也如是，況馭軍乎？此湯於誓衆之際，旣曰：大賚汝，孥戮汝。而後繼之曰：朕不食言者，蓋欲示其信必也。惟其信必，故其所用，雖及於人之所聞見，而所不聞見者，亦將得於聞見，而有所勸懲矣。何者？天地雖遠，神明雖幽，而誠之所至，尙可以感格之。況於賞罰之用旣誠，人獨不爲之陰化耶？

兵道

武王問太公曰：兵道如何？太公曰：凡兵之道，莫過乎一，一者能獨往獨來。黃帝曰：一者階於道，幾於神，用之在於機，顯之在於勢，成之在於君，故聖王號兵爲凶器，不得已而用之。今商王知存而不知亡，知樂而不知殃。夫存者非存，在於慮亡；樂者非樂，在於慮殃。今王已慮其源，豈憂其流乎?!

一之爲說，或以爲心，謂用兵之道，不過乎守之以心。以兵法考之：有所謂攻守一法，有所謂奇正一術，有所謂車步騎三者一法也。是則一者，兵之至理也。且以聖人之道，尙欲以一貫之；侯王之治，亦欲以一正之，則一者其至理也。兵之爲道，不離乎至理之間，所以謂之莫過乎一也。惟抱乎一則可以自用，而不爲人所制，故能獨往獨來者，言無所制也。尉子亦曰：獨往獨來者，伯王之兵也。是理也，卽道也。兵之爲理，旣寓於道，則其妙也。亦極其變而幾於神，此言兵之妙理如是其極也。是理也雖有所寓，而用之則在於聖人。其用也雖以機用以勢攻，而收其成功，則君實司之。不用以機，則無以密其謀，不致以勢，則無以聲其罪。兵之爲用雖有異，要其成功，皆君也。蓋天下有道，征伐自天子出也。太公以是告武王，欲武王盡其所以用之之理。武王惟得是理，故其舉之也。寓之於同心同德之人，托之於三千一心之臣，皆其一之所寓也。既盡乎一心，知乎道與神之所在矣。及其用之，必示弱而後進，以其機所當然也。明誓以告爾有衆，以其勢當然也。用之雖異，而功之所成，則在於武王，非成之在君乎？兵道之用，若是其妙，故聖王之於兵，不敢輕而用之，視爲凶器，不得已用之。范蠡亦曰：兵，凶器也。好用兵者，視身於所未，上帝禁之，行者不利，則其用之也，非出於不得已乎？太公之意，勸武王成文王之志，謂今日之用兵，亦出於不得已也。其所以不得已者，蓋以商罪貫盈，百姓有辭，吾其可不應人而順天乎？商王之所以可伐者，以其殃亡之將至。夫天下之事，不難謹於艱難有事之際，而難謹於閒暇無事之日。天下雖若有泰山之安，而不忘累卵之危。雖若有終身之樂，而不無一朝之憂。商王安其存，而不慮其危；熇其樂，而不慮其殃，此其禍之所以將至也。今王已慮其源，豈憂其流，此又因以戒武王也。謹終如始，人之所難。源，其始也；流，其終也，慮其始，必思其終。太宗嘗曰：朕雖平定天下，其守之實難，是則源流所在，皆可慮也。

武王曰：兩軍相遇，彼不可來，此不可往，各設固備，未敢先發，我欲襲之，不得其利，爲之奈何？太公曰：外亂而內整，示飢而實飽，內精而外鈍，一合一離，一聚一散，陰其謀，密其機，高其壘，伏其銳士，寂若無聲，敵不知我所備，欲其西，襲其東。

形人之說，兵家之無術也。贏師以示，楚人以勝；形人是用，越人以伯；洩柴以從，可以勝齊；曳柴僞遁，可以勝楚。是則不有以誤敵，不足以勝敵也。孫子十三篇，大抵以形人爲上，如曰形人而我無形，如曰形兵之極至於無形，如曰形之而敵必從之，皆形人之說也。外亂內整，示飢實飽，與夫精鈍離合散聚，皆所以形之也。既有以形之，必有以取之。自陰謀密機以下，又所以取之也。兵之未用，則其爲計也，不可使人窺。兵之既用，則其爲用也，不可使人知。陰其謀者，所以祕其計也。密其機者，所以藏其用也。高其壘，所以固守。伏其銳，寂若無聲，所以示弱。我者既無形之可見，則在敵者，必意於所備，故敵不知所備，而可以計取矣。危欲西襲東，而復有以役之也。

武王曰：敵知我情，通我謀，爲之奈何？太公曰：兵勝之術，密察敵人之機，而速乘其利，復疾擊其不意。

用兵之法，大抵乘機，不乘其機，而徒欲以力爭，勝負何自而決耶？孫子有曰：兵之情主速，乘人之不及。又曰：出其不意，是皆乘機之說也。李靖曰：兵機事，以速爲神。吳明徹曰：兵貴在速，亦乘機之說也。太公之意，非欲使武王得其機而乘之乎？既得其機，復加以速，宜其可以擊其不意也。

武韜

發啓

文王在酆，召太公曰：嗚乎！商王虐極，罪殺不辜，公尙助予憂民，如何？太公曰：王其修德以下賢，惠民以觀天道；天道無殃，不可先倡；人道無災，不可先謀；必見天殃，又見人災，乃可以謀。

此文王發問太公圖商之計。謂商王之罪盈虐酷，殘害無罪之人，令太公助之，其爲憂民之心，在伐商救民也。夫欲伐者，必先盡其在已，修德以下賢，惠民以觀天道，此盡其在已之事者。蓋惟修已而後可以待人，惟得民，而後可以應天，賢有德者也。德修於已，而後賢者歸之，故修德乃可以下賢，此修已以待人也。人之所欲，天必從之，惠足以及人，乃可以合天。故惠民以觀天道，此澤民以應天也。文王有徽柔懿恭，此文王之所以修德也。文王惟修是德，此閎夭散宜生之徒，所以爲用也，非以下賢乎？發政施仁，必先四者，此文王之所以惠民也。文王惟能惠民，此天道之所以乃眷西顧也，非觀天道乎？惟有以觀天道，故天道無殃，不可先倡，人道無災，不可先謀，蓋天之譴人君也，必有以戒之。此天道之殃也，天道未有殃，其可先倡乎？人事之成敗，必有變焉，此人道之災也，人道未有災，其可先謀乎？此言商雖可伐，而天殃人災未見，不可先以擧事也。昔者堯之去四凶，堯非不能去之也，而必舜而去之者，蓋當堯之世，四凶之罪，未暴白於世，而天人之心，有所未合也，及舜之世，則其惡已暴，天人之所共憤，然後可以除之也。是以越之伐吳，吳未發而先發，而范蠡亦以天時人事告之，越王不從，卒有會稽之厄。惟天災人災既見，然後徐而圖之，無不可矣。

必見其陽，又見其陰，乃知其心；必見其外，又見其內，乃知其意；必見其疏，又見其親，乃知其情。行其道，道可致也；從其門，門可入也；立其禮，禮可成也；爭其強，強可勝也；全勝不鬥，大兵無創，與鬼神通，微哉！微哉！

敵之所蘊，雖若難知，而吾之所測，各以其術。心也、意也、情也，皆敵之所蘊也。心有所思，意有所欲，情有所發，心意情三者，同出而異用，主之於內者心也。傳曰：心之官則思，此心也。在心為志，意與志一也。傳有所謂志意修，此則意之所存，自心而出，必所有欲也。若夫情，則有所觸而後發，傳有所謂情發於中，此則情之所觸而發也。自其內而言之，則心為之主，意為之用，而情則有所形矣，此心意情之別也。三者，固為難知，而吾之測之，各有其術。故知其心則何以哉？卽其陰陽，而可以知之也。陽者，其顯而可見者也。陰者，其隱而難知者，所未為之事也。卽其所已為，皆心之所思也。故卽是而可以知其心。欲知其意，則何以哉？卽其內外，而可以知之也。外而人民田野，內而朝廷百官。始而觀其外，見其田野闢，萬民安，則外治矣。次而求於內，見其朝廷清，百官正，則內治矣。既觀其外，又觀其內，若是者，皆志之所寓也，故可以知其志。欲知其情則何以哉？卽其親疎可知也。疎者，所疎遠者也；親者，所親近者也。既觀其疎，又觀其親，則其所去取者，其賢佞可知也，是乃情之所好惡也。故因是可以知其情。太公告文王，以吾觀其野，吾觀其羣，吾觀其吏。其告武王則以今商知存不知亡，知樂不知殃。若此言者，皆所以求心意情也。既盡其所以測之之術，則敵豈易知哉？既知其心意情之所在，由是而制之，斯易為術矣。敵行其道，道可致；從其門，門可入，此因敵而為之謀也。法有所謂踐壘隨敵，此則行其道之說也。彼有可由之道，吾因其道而造之，道可得而至矣。法有謂所承意從事，此則從其門之說也。彼有可入之門而從之，則門可得而入矣。立其禮爭其強，此制敵而措以勝也。法有所謂以禮為固，此則立禮之說也。吾欲伐人，必先之以禮，以為不可敗之道，此禮之所以由成也。法有所謂強必以謙服，此則爭其強之說也。彼雖強而吾有以爭之，則雖強而可勝也。文武之比商，或服事以驕之，或子女以樂之，若是者，皆所以行其道而從其門也。定其止齊之法，奮以熊羆之士，若是者，皆所以立其禮，而爭其強也。既有以用之，復有以制之，則不勞餘力，而可以成功。故全勝不鬬，大兵無創，此以計取，而不用於兵也。法曰：爭勝於白刃之前者，非良將也。是則鬬而後勝，未免於勞民，若去以全勝之，則無用於戰鬬矣。法曰：上兵伐謀，是則用兵而至於殺伐者，非善用者也。故大兵則無傷、無創。文王之因壘降，此全勝不鬬也。大禹班師而苗格，此大兵無創也。乃若高皇戰于滎陽，戰於垓下，則非不鬬之全勝也。至於惠帝之世，瘡痍始瘳，豈無創之大兵乎？若是之兵，皆以計取，故其幽與鬼神通，言其微妙而不可知也。太公安得不以微哉而歎美之！

與人同病相救，同情相成，同惡相助，同好相趨，故無甲兵而勝，無衝機而攻，無溝塹而守。

論制敵之道，莫若得人之心。與人同病相救，同情相成，同惡相助，同好相趨者，皆所以得其心也。同病相救者，此所以同其患難也。此傳之所謂疾病扶持之說也。同情相成，此所以輔其所欲為也；若傳之所謂與助利吒之說也。同惡相助者，此相助以去其所惡也；傳有所謂所惡與之去，是也。同好相趨，以就其所欲也；傳有所謂所欲與之聚之。惟其有以得其心，故雖無甲兵可以勝，無衝機可以攻，無溝塹可以守。夫勝人者，必以甲兵；甲以爲衛，兵以致戰，有是乃可以勝。衝，蒙車也；機，械也；皆攻城之具也。溝塹可深峻其城池也，皆守城之備也。今無此可以攻可以守者，以其所恃者人心也。法有所謂不戰而屈人兵，此則無甲兵而勝也。有所謂無衝蒙而攻，無渠荅而守，此則無衝機攻，無溝塹守也。昔者成周之際，於癈病者，必有施舍之法；於夫患民病之際，則有施惠之法，皆所以救其病也。有相賙之法，有轉移之法，皆所以成其情也。田與追胥竭作，又所以助其惡而趣其好也。成周之法，惟若是其善，故當時聞有奠枕于京之安，有持盈守城之樂。而甲兵衝機溝塹，初未之修也，此其効與？此皮日休所以曰古之取天下以民心，其以此與?!

大智不智，大謀不謀，大勇不勇，大利不利。

論聖人之德，固無以復加，而求至德之極，則不知其所極。智也、謀也、勇也、利也，皆聖人之德也。謂之大智、大謀、大勇、大利，則其德之無以復加也。自其大德而求之，似不難見也。然其至也，至於不智、不謀、不勇、不利，是又其至德之極，不可得而知也。且應事不可以無智，大智則無乎不知，智而不明，其智是以不智。料敵不可以無謀，大謀則無乎不周，謀而不泄，其謀是以不謀。決勝不可以無勇，大勇則莫之敢當，勇而不恃，其勇是以不勇。恤民不可以無利，大利則無乎不及，利而不居，其利是不利。若是者，皆其謀之之妙，而不可知其極也。昔武王渡孟津而觀政于商，其智爲甚大也。陰謀修德，其謀爲甚大也。一怒而安天下，其勇爲甚大也。散財發粟，其利爲甚大也。武王雖有是四者，而未嘗自以爲大，故天下亦莫知其所以爲大也。武王惟不自有其大，此天下所以歸之而亦莫之知也。此傳所以曰聖人不自大，故能成其大，其以此與?!

利天下者天下啓之，害天下者天下閉之，天下者非一人之天下，乃天下之天下也。取天下

者，若逐野獸，而天下皆有分肉之心；若同舟而濟，濟則皆同其利，敗則皆同其害。然則皆有啓之，無有閉之也。

聖人待天下以至公之心，則天下必趨聖人以歸往之心。蓋聖人之於天下，非以爲己利也，將以利天下也。天下之民，撫之則后，虐之則讎，故利天下則天下啓導之，害天下則天下閉塞之。吾惟有以利之，故天下啓之以取天下之道，其啓之者，將以與之同其利也。苟或害之，則天下必惡之，故閉塞之而不與之同。武王之伐商，武王非自利也，財可散之，衆可發則發之，所以利天下也。武王惟有以利之，故倒戈之徒，自攻而北，壺漿之民，惟師是迎，非有以啓之乎？大抵天下之天下，非一人之天下，惟爲天下。此聖人所以無心取天下，不以私心，歸必利之，而後同與啓之。故取天下者，若逐野獸，天下皆有分肉之心。昔秦隋之亡，若失其鹿，而天下共犄角之，非人皆有分肉之心乎？惟天下皆有是心，故若同舟而濟，患與之共，旣濟，則皆得其利。漢室之興，大事旣成，韓信黥布之徒，皆得分地而王，關中父老亦喜苛法之除，非濟則與之同其利乎?!苟爲敗則皆受其害，若是則得其利者，宜皆啓之，而無或閉之也。

無取於民者，取民者也。無取於國者，取國者也。無取於天下者，取天下者也。無取民者，民利之。無取國者，國利之。無取天下者，天下利之。

昔哀公問有若，二吾不足，而有若對以百姓足，則君孰與不足，是則君不可以取之民也。民，猶子也。父子豈有異財乎！此慈父之不忍推子也。父不可以推子，則君其可取之民乎？惟無以取之，乃所以取之。何者？吾不傷其財，則彼得以足其財，彼惟足其財，故可以供上之用，此無取者，所以取之也。曰無取云者，非不之取也，取之有制也。且以白圭欲以十取一，孟子猶以爲貉道，況不之取乎?!是知無取者無橫取也。苟不之取，則祭祀賓客，百官有司，其何以給耶?惟無橫取，故人樂於所供，而足於所用。在易之卦，損下益上，其卦爲損；損上益下，其卦爲益，是則爲之君者，誠不可妄取於民也。推是心以往，則不惟可以及民也；雖施之國，施之天下，皆此心也。故自其無取於民而始，次則無取於國，終則無取於天下，既無以取之，則必有以利之，故不惟民利之，推之國則國利之，推之天下則天下利之。三代之君，或以貢，或以助，或以徹，皆所以定取民之制也。惟取之有制，故自近及遠，無不蒙其澤焉。乃若秦之取之盡錙銖，天下之民，何其不幸耶?!

故道在不可見，事在不可聞，勝在不可知，微哉微哉！鷙鳥將擊，卑飛歛翼，猛獸將搏，弭耳俯伏，聖人將動，必有愚色。

兵之所資以爲用者，雖有不同。而兵之所以隱於無迹者，皆其所貴。道也、事也、勝也，此兵之所用，始終有不同也。而其不可見，不可聞，不可知，則皆其無迹焉。道也者，所以修之己，而以傾人者也。道而可見，則道不足用矣。事也者，見於所行，而以制人者也。事而可聞，則事不足持矣。勝也者，所以決其成敗而勝人也。勝而可知，則無自成矣。大氐兵聞則議，見則圖，知則困，故道欲不可見，事欲不可聞，勝欲不可知，始則晦其道，次則密其事，而終則藏其勝，此則始終之序也。昔者武王之圖商也，陰謀修德，以傾商政，則其爲道也，不可見矣。其以多兵權奇計，則其爲事也，不可聞矣。至於牧野之戰，倒戈之徒，一北而成功，則其勝又烏可知耶?是三者惟欲其無迹，故其爲用也，既微而又微，故曰：微哉微哉！其微妙之至也。譬之鷙鳥之擊物，必卑飛斂翼以藏其形。鷙鳥，鷹隼也；鷙鳥雖善擊，苟爲禽鳥之所見，則必避之。故卑飛斂翼以藏其形，而後可以擊之也。譬之猛獸之搏物，必弭耳俯伏以匿其形。猛獸，豹虎也；虎豹雖善搏，苟或衆獸之所見，則必避之。故弭耳俯伏以匿其形，而後可以搏之也。夫以禽獸微物也，欲有所用，猶有所隱。而況取天下者，獨使人得而知之、聞之、見之乎?!是以聖人將動，必有愚色，愚也者，所以藏其智而不用也。蓋將欲取之，必固予之；將欲張之，必固翕之；將以動其用，可不隱其用乎?此聖人將動，所以必有愚色也。此文王之所以遵養時晦者，蓋將以示其愚也。

今彼有商，衆口相惑，紛紛渺渺，好色無極，此亡國之徵也。吾觀其野，草菅勝穀；吾觀其衆，邪曲勝直；吾觀其吏，暴虐殘賊，敗法亂刑，上下不覺，此亡國之時也。

國之治亂，皆有可見之形，觀其禮而知其政，聖人嘗有是言矣!是則國之政，必有所可得而見者。昔夫子適蒲，入其境而稱之曰：善哉!由也，恭敬以信矣。入其邑曰：善哉!由也，忠信而寬矣。致其廷曰：善哉!由也，察以斷矣。子貢執轡而問曰：夫子未見由之政，而三稱善，可得聞乎?子曰：吾見其政矣。入其境，田疇盡易，草萊甚闢，溝洫深治，此其恭敬以信，故其民盡力也。入其邑，牆屋完固，樹木甚茂，此其忠信以寬，故其民不偷。至其廷，廷甚清閑，諸下用命，此其明察以斷，故其政不擾也。觀此則知國之治亂，必有以諮也明矣。今商王之國，衆口相惑，則人有異志也。紛紛渺渺，則事無定度也。民之異也如此，政之亂也如此，而商王乃且好色無極，而不此之恤，其國必亡也。故太公指是以爲亡國之兆。況觀其田野之間，草菅勝於穀，此則農不得盡力於田畝也。觀其衆庶之間，則邪曲勝直，而公道不行，此則民無正論而互相蒙也。觀其官吏，則暴虐殘賊以害其下，無法亂刑以毀其公，上下安之而不自覺，其亡也必矣。故太公指以爲此亡國之時也。

大明發而萬物皆照，大義發而萬物皆利，大兵發而萬物皆服，大哉聖人之德，獨聞獨見，樂哉！

聖人之德，各有所寓，而有生之類，各得其欲。大明也、大義也、大兵也，皆聖人之德也。自其明示天下之際而言，則謂之大明。自其正天下之不正者言之，則謂之大義。自其爲天下除殘賊而言之，則謂之大兵。大明發而萬物皆照者，蓋大明則無所不照，故雖蔀屋之下，暗室之中，容光必照，此大明發而萬物所以皆照。大義發而萬物皆利者，蓋仁義固所以利之也。況大義既發，則無所不利，故室家得以相慶，百姓得以安堵，此大義發而萬物所以皆利也。及推是而爲大兵，則萬物皆服，蓋仁人之兵，無敵於天下，今大兵既發，則所向者莫不聞風而靡，宜其萬物皆服也。昔者武王之克商也，其德可謂至矣。觀其明誓告於汝衆，則其明亦大矣。故光于四方，不復減於文王之丕顯，是則萬物皆照可知也。以至義伐不義，則其義亦大矣。故仁及草木，積成周家之忠厚，則萬物之利也可知矣。以致牧野熊羆之士，驅馳于商郊，此則大兵之發也。雖前徒可使倒戈攻于後，則其服也爲如何？是三者惟極其大，此聖人之德所以爲大也。故曰：大哉聖人之德，惟極其大，故獨聞獨見，不與衆同，而其樂可知也。所以爲樂者，以其謀出於己，可以成天下之功，而濟天下之大事，故樂也。

文啓

文王問太公曰：聖人何守？太公曰：何憂何嗇，萬物皆得；何嗇何憂，萬物皆遒；政之所施，莫知其化；時之所在，莫知其移；聖人守此而萬物化，何窮之有？終而復始，優之游之，展轉求之；求而得之，不可不藏；既以藏之，不可不行；既以行之，勿復明之。

聖人待天下以無心，故其所守者，本無常心也。而文王未明其所守之術，故有聖人何守之問，太公乃言聖人所守之之道。憂者，憂慮也。嗇者，吝嗇也。自何憂而至於何嗇，此聖人未得天下之時，而無心於致治也，果何所憂慮耶？惟無所思慮，不有所吝嗇，任天下自至矣。聖人惟無心於致治，故萬物各得其所。自何嗇而至於何憂，此聖人於既得天下之時，而無心於保治也。故何所吝嗇耶？惟無所吝嗇，故所思慮，任天下以自安。聖人惟無心以保治，故萬物皆有所聚，遒之爲言，聚也。昔者大舜之有天下也，初非有心於得之也，垂衣拱手，果何所思慮耶？惟無所慮，故無所嗇，是以萬邦之民，各於變以或風，含哺之俗，共擊壞而興歌，其皆得也可知。及其既得天下也，復以無心守之，故祗棄天下，如棄敝屣，果何所吝嗇耶？惟無所吝嗇，是以始於成都，中於成邑，而終於成天下，則其萬物之爲遒也如何？聖人惟以無心待天下，故政之所施，莫知其化，時之所在，莫知其移。政之所施，此以道化之也。惟以道化之，故其化之也以無迹，是以莫知其所化之由。時之所在，此機之所動也。機不可常，故其爲可取之時，莫知其所移。聖人果何心哉？不過守此而任物自然，使之自化。又孰得而窮其所以然哉？無它，終而復始，機之運動，不可得而知也。機之運也，終而必始，則其移轉必有時也。聖人乘機而動，必任之以自然，而聽其自至。故優之游之，欲得於自得之間，展轉求之，以思其所得之道。若是者，乃機之始萌，而籌其將至也。機既萌矣，則求而有得，亦不可不深其謀，故不可不藏之於心。既藏之於心，亦必運之以謀。其謀之也，所以行之也。既行之矣，而復慮乎人之或乘之也。必有以神之，而使人莫之測，故勿復明之。若是者，於機之既發，而所以謀之者，必欲其密也。昔者文王之興，大有得於太公之言也。觀其道化之行，漢上無犯禮之女，林中有好德之夫，彼天下安知其所自？此文王無迹之化及乎人也。虞芮入境，而自釋其訟，二老既歸，而天下亦以往，是則天時之可爲，而民機以自動，亦不可得而知也。文王於此，豈敢以力取之哉?!亦不過守此而使天下自化。至於萬邦作孚，下士是式，孰知其所以然哉?若是者，豈非天時盛衰，終而復始，商室旣微，周道當興，故所必然與?!文王惟知其機之所在，故其與太公答問之間，必詢之以盈虛治亂之由，尊主安人之道，與夫時予憂民之心，皆所以求之於優游展轉之際也。太公旣告之，以商人所亡與天時之所移，則是已得機矣。故雖三分有二，而以服事商，其所以事之者，所以藏之心也，旣藏之必行之，故發政施仁，以濟斯民。旣行之而不可明之，故其修德也。必本於陰謀，則其爲機也。又豈不神乎?太公之言，文王其盡之矣。

夫天地不自明，故能長生，聖人不自明，故而名彰。

此言功不可以爲已有也。以功爲功者，其功小;不以功爲功者，其功大。天地之於萬物，所以爲資始而資生也，天地之功亦大矣。而天地未嘗指是以爲已功。天地惟不指是爲功，此其功所以大而不窮也。故萬物雖生而有終，會於天地，則長生而無或終極也。書曰:天不言而四時行，地不産而萬物化，是則天地豈自明其功乎?天地長久，其以此矣。聖人擬天地，而參諸身，故凡所爲，亦天地若也。聖人出而應世，使天下萬物各得其所，各遂其生，其功亦大矣!聖人豈肯指是以爲已功?故不自明其功。惟不自明其功，此所以其名益彰也。當堯之世，含哺鼓腹之民，熙熙陶陶，而於堯之爲君，莫之能名，則堯不自以爲功矣，此堯之所以能爲王帝之盛帝也。文王之世，發政施仁，惠鮮鰥寡，而文王之爲君，方且不識不知，則文王亦豈認以爲已功耶?文王不以爲已功，此文王之所以爲三王之顯王者也。

古之聖人，聚人而爲家，聚家而爲國，聚國而爲天下，分封賢人，以爲萬國，命之曰大紀。

此言聖人以漸得天下，而人之歸之，有不得而止者。而聖人亦豈以是爲己利哉？必欲與天下有德者同其利。方其始也，歸之者雖寡，及其終也，其勢必大矣。故始則聚人爲家，中則聚家爲國，終則聚國爲天下。由家而國，由國而天下，其所得豈不以漸而盛乎?!天下之歸聖人也如此，而聖人不敢自利之，故分封賢人，以爲萬國。易曰：聖人建萬國以親諸侯，此分封賢人，而與之共治也。若是者謂之何哉？曰大紀。紀者，以其制之有要，而其治可以有常而不易也。昔者少康興夏，成湯興商，皆以漸得而不有其利者也。太康之有衆一旅者，此太康之得民也。湯以七十里而興，此湯之得民也。乃其終也，皆能一天下朝諸侯，則其所以聚國爲天下，而分封賢人也爲如何？文武之君，以至蕞爾之民，推而至於三分天下有其二，又推而至於天下一定，則其所聚可知也。天下旣定，乃建千八百國，則其分封萬國可知矣。成周之書，所以言其分國之制也。而有所謂以經邦國，以紀萬民者，非以其大紀之所寓在是與?!

陳其政教，順其民俗，羣曲化直，變於形容，萬國不通，各樂其所，人愛其上，命之曰大定。

此言聖人順俗而教，而天下化之，各安其俗，樂其化也。陳其政教，蓋聖人不欲匿法以愚民也。故陳而示之，使知其所可爲與其所不可爲者焉。順其民俗，蓋聖人欲因民而成俗也。古之聖人，修其教，不易其俗，齊其政，不易其民，蓋五方之民，各有性也。順俗而教，治所當然也。惟順而教之，故可以使之習與性成，而風俗以同矣。惟能順而教之，故奸民不容，暴民不作，而羣曲化而爲直矣。變於形容，以其咸與惟新。而形容之間，爲之一易，則其所聞所見，皆王道之正直也。謂之變於正直者，以其能爲直所揉而化之，可變其形容也。人旣爲上所化，則皆知守分，而不至於紛爭矣。故萬國不通，各樂其所。夫所謂不通者，非不交通也，自守其地，而不通兵也。言天下無戰爭之事，故兵革不通焉。人惟安其所，故必知所自樂，是以愛戴其上。若是者謂之何哉？曰大定。大定者，以天下之舉安也。昔者周王既成功之後，至于成王之時，正月之吉，則有象魏之垂，所以陳其政教也。因此五物者，民之常，而施十有二教焉，此則順其民俗也。既歷三紀，世變風移，此則循化之變也。掌交巡邦國，及萬民之所聚，而和其好，達其說，此則方國各樂其所，而人愛其上也。成周之際，太平歌於既醉，盈成詠於鳧鷖，其大定爲如何？！

嗚呼！聖人務靜之，賢人務正之，愚人不能正，故與人爭。上勞則刑繇，刑繇則民憂，民憂則流亡，上下不安其生，累世不休，命之曰大失。

治之所尙者異，則治之所成者亦異。聖賢之心，均於求治也。而治之所尙，則有道有義焉。聖人者，道之管也。聖人惟以道化人，故其爲化，一本於無爲，此所以務有以靜之也。若夫賢人，則禮義之所自出也。賢人惟以養爲治，故其爲化，必欲正天下之不正者，此所以務有以正之也。其在荀子，有曰靜而聖，動而王。聖王本一也，而所以異者，以其所尙者異。靜則無爲，故聖；動則有爲，故王。荀子之意，亦太公之意也。靜之則聖，正之則賢，其所尙異，故其成亦異也。聖非不能正也，湯武正於夏商，正也。湯武豈可獨以賢名，賢非不能靜也。文帝亦七制之賢君矣，恭儉清淨，非靜乎？此無他，聖賢一也。可靜則靜，可正則正，治之所尙當然也。道與義異化也，何聖賢之拘？！昔者堯舜之君，聖者也；恭已岩廊，非心黃屋康衢之謠，莫之爲而自然，朝野之間，雖屢詢而不知，其靜也爲如何？武宣之君，賢君也；雪累年之恥，而從事遠征，於單于之爭，而受其來朝，是又所以正之也。既不自靜，又不能正，而乃欲之角力以爭，是亦愚者也。此六國之所見敗於秦，而息侯之所以取衂於鄭也。

是不能正，而欲與之爭，愚之甚也。上勞則刑緐，此又言上好生事則易以殘民。故緐其刑以威名，欲民之必從，民見其刑罰之濫，故憂其無所措手足，既憂則不安其居，故流亡。若是則上下不安其生，至於累世不休，玆其爲失不已大乎？故命之曰大失。此秦相商鞅，欲爲富强之術，恐民不從，豹嚴其刑以威之，雖太子之師傅，亦有所不免，況於民乎？秦之亡也，可立而待矣！

天下之人如流水，障之則止，啓之則行，靜之則淸。嗚呼！神哉！聖人見其所始，則知其所終。文王曰：靜之奈何？太公曰：天有常形，民有常生，與天下共其生，而天下靜矣。太上因之，其次化之，夫民化而從政，是以天無爲而成事，民無與而自富，此聖人之德也。文王曰：公言乃協予懷，夙夜念之不忘，以用爲常。

物有自然之勢，民有自然之性，民心無常其已久矣。而其性則有自然者，譬之流水焉，或行或止或淸，皆其勢之必然也。止非自止也，不之決也，障而後止。行非自行也，不之遏也，啓之而後行也。至於靜而不之擾，則必還淸其矣，此其勢也。至於民之爲性，亦固靜也。古之論治國者，謂若烹小鮮，愼勿擾之，則天下之人，必貴於安靜也。安靜則治，亦猶水之靜而淸也，此性之自然也。苟或拒之則必止，導之則必行，亦猶水也。昔之論以民爲鑒者，嘗謂人無於水淸，當於民鑒，則民性所存，尤過則水也，可不欲使之淸乎？人性之欲靜也如此，斯民也豈不神乎？故以神哉稱之。聖人之於民也，可不究其始終哉？見其始而知其終，則必以其性之所極，而不之擾。聖人必當究其終始，而不可或擾，則其所以靜之之道，不可不之求也。故文王復以靜，奈何之問，蓋欲求其所以靜之之道也。太公乃言天人之理以答之，謂天有常形也。蓋輕淸而以圓爲體者，此天之常形也，好靜而以安爲樂者，此民之常生也。民之不可擾也若此，故必有以與之共其生，使之安俗樂業，而天下自爾靜矣。是以古之化民者，時有異時，治有異治，上古之世，耕田鑿井，含哺鼓腹，不知帝力於我何有，其所以然者，以其有以因之也。因之者，謂因其所欲，而使自爲之。上之人，初不勞餘力，而彼自爾充足也。及中古之世，則不可以因之矣。何不可也？以其俗澆民詐，必有以化之，而後可以使之從。是以或周之世，教稼穡則有宮，趨耕耨則有官，若是者，皆所以化之也。化而後從政，是未免有所待而然也。孰若上古之世，因之而使之自然與？民惟欲得其自然，故天則以無爲而成事，民則以無與而自富，蓋因之生是物也。本以無心也，天而有心，則勞而不徧矣，孰若任以無爲，而化以無迹，使事自以成耶？孔子曰：四時行焉，百物生焉，此天以無爲而成事也。民無與而自富，是又至治無功也。老子曰：我無欲而民自富，則欲民之富殖者，不可或求其功也。求所以富之，則反以勞之矣，此所以無與其事而使彼自富也。昔者堯之爲君，法天而治也。大哉堯之爲君，惟天爲大，惟堯則之，則堯之於民，蓋如天也。天惟以無爲而成事，故堯之於民亦然。當堯之世，百姓皆曰：帝力何有於我，問之在朝，在朝不知，問之在野，在野不知，若是則堯之所以無心於民也者一如天之於物，故曰：堯仁如天，聖人之德不過乎此。故曰：此聖人之德也。蓋惟盡其無爲之德，斯所以見其莫大之德，聖人惟能無爲，而使民自富，此所以爲至德也。文王曰：公言乃叶朕懷。文王之心，亦以安靜斯民，而非有以擾之也。蓋當商之末世，天下擾亂，幸文王一綏之安，則天下幸甚矣！而太公乃以靜之之說告之，宜其與文王合也。古之欲造大事者，其君臣之謀，未始有不合者。羊祜平吳，其意適與武帝合，裴度平淮，其意適與憲宗合；蓋欲有以叶其謀，斯可以成其事。然所慮者，在於能聽而不能行，能行而不能久，必夙夜念之不忘，而用此以爲常行之道，則其所行也爲甚久矣，斯民何其幸耶？！

文伐

文王問太公曰：文伐之法奈何？太公曰：凡文伐有十二節；一曰：因其所喜，以順其志，彼將生驕，必有好事，苟能因之，必能去之。二曰：親其所愛，以分其威，一人兩心，其中必衰，廷無忠臣，社稷必危。三曰：陰賂左右，得情甚深，身內情外，國將生害。四曰：輔其淫樂，以廣其志，厚賂珠玉，娛以美人，卑辭委聽，順命而合，彼將不角，奸節乃定。五曰：嚴其忠臣，而薄其賂，稽留其使，勿聽其事，亟爲置代，遺以誠事，親而信之，其君將復合之，苟能嚴之，國乃可謀。六曰，收其內，間其外，才臣外相，敵國內侵，國鮮不亡。七曰：欲錮其心，必厚賂之，收其左右忠愛，陰示以利，令之輕業而蓄積空虛。八曰：賂以重寶，因與之謀，謀而利之，利之必信，是謂重親，重親之積，必爲我用，有國而外，其地大必敗。九曰：尊之以名，無難其身，示以大勢，從之必信，致其大尊，先爲之榮，微飾聖人，國乃大偷，十曰：下之必信，以得其情，承意應事，如與同生，既以得之，乃微收之，時及將至，若人喪之。十有一曰：塞之以道，人臣無不重貴與富，惡危與咎，陰示大尊，而微輸重寶，收其豪傑，內積甚厚，而外爲之陰內智士，使圖其計，納勇士，使高其氣，富貴甚足，而常有繁滋，徒黨已具，是謂塞之，有國而塞，安能有國。十有二曰：養其亂臣以迷之，進美女淫聲以惑之，遺良犬馬以勞之，時與大勢以誘之，上察而與天下圖之。十二節備，乃成武事。所謂上察天，下察地，徵已見，乃伐之。

天下不可以力爭也；我以力鬥，彼以力拒，成敗若何而決，必也伐之以文，然後足以成其事。兵雖以武爲用，而必以文爲本。文者，謀之所寓也、謀之爲用，不一而足，凡十有二節。十二節，言有十二度也。其節度者，是其多也，蓋未戰而勝者，得算多也。是以大夫種之教越圖吳，則有七術；陳平之爲漢圖楚，則有六奇；以至筍或以十敗料袁，李靖以十策圖銑，皆欲以多爲貴也，多則無所不備。此文伐之法，所以有十二焉：其一、則因其所喜而順之，不可惑之逆也。若是則可以奉其志，而逢其惡，故驕心由是生，好事由是見，吾於此必有以因之，乃可以肆其志而成事。故因之則可以去之，蓋欲順以成事也。湯之於葛也，爲其無以爲犧牲，則遺之牛羊；無以爲粢盛，則使毫衆爲之耕。若是者，皆欲因而去之也。其二、則親其所愛，以分其威。彼之所親幸之臣，既爲我所親，則必背其君，而同其民，故君之威勢，以是而分。一人兩心，則一心爲我所役，故兩心。若是則國中必衰，而忠臣亦爲之陷，所以社稷危亡也。此越人之遺吳太宰嚭，而終於殺伍員以亡其國也。其三、則結其左右以探其情，彼之左右所親信者，既陰以賂而遺之，則彼必告以其情。故得情甚深，彼爲我所誘，則其身雖在彼國，而其情則惟我之戀，故身內而情外。若是則其君爲所蠶，故國將生害，此亦越范蠡使人遺吳太宰嚭，而終以克吳也。其四、則因其所好，而以逢之，彼惟志在淫樂，吾則輔之而使貪於樂；彼惟好貨，吾則賂之以珠玉；彼惟好色，吾則娛之以美人；彼之心既爲我所役，而吾又能卑辭以下之，委身以聽之，順其命而迎合其意。若是則彼必自以爲得計，而不與吾爭耳。彼惟不爭，則彼之姦事，可得而預知之矣，故姦節乃定。此如散宜生閎夭之徒，遺紂以美女，以出文王，太王遺狄人以珠玉皮幣，皆所以成其姦節也。其五、則離其君臣之情，彼之忠臣，彼之所取信也，忠臣不可以財誘，故嚴之而以間其君，使其君不之信。賂有所不愛，故薄其賂，彼有使至諭吾以事，吾則背其事而不從其命，則彼之計無所施，而其君必不之信矣。既有以間之，必有以代之，故亟爲置代，以奪其位，而使其使以爲反間，待之以誠事告之，則彼之君，必我信而離彼矣。若不能置代，而其君復親而使之，則必復與之合。若是則其情雖離，而親猶未離也。苟能嚴而間之，則君臣異志，故其國可謀。此正如漢之間亞父，因其使至於易其所以待之者。果使項王疑之，而亞父去矣。其六、則內收其大臣之心，而外致其間，彼大臣既心向於我，則必外而相助於我，而不爲其君謀國，此國所以少有不亡者，此亦越賂吳太宰嚭也。其七、則必有以惑其上下，誘之以利，以錮其心，使其君惟利是慕，而無遠慮，此則晉遺虞以璧乘，而反以圖虞也。收其左右忠愛之心，陰示以利，使其臣貪於利，而不恤其國，此亦越遺太宰，而以圖吳也。其君既交征利，則必忽於農事，而國無蓄積空虛。其八、則賂其將，而圖其國。將者、國之輔也，今而賂以重利，以誘其心，資之以謀，以役其心，則彼必我信，是謂重親。重親者、吾能重彼之所親，使反彼而親我也。既重其所親，積之以久，則彼之心，其信我也堅，故必反爲我間。若是則彼之國，雖彼之所有，而已外附於我矣，故其地必大敗。昔漢入橈關，謂秦將者賈豎，乃遺以重寶，秦將乃與連和，而高祖始得以入關矣。其九、則尊而驕之，以侈其志；尊之以名，示以大勢，致其大尊，榮飾聖人，皆所以驕之。尊之以名，則予之以高名，無難其身，則使之安其樂，彼既貪其名，而安其樂，則其志必驕矣。示以大勢，亦所以尊之也。從之必信，又所以順之也。彼既喜其勢之尊，而信吾之信已，則其志必驕矣。致其大尊，亦所以歸之以至尊也。先爲之榮名，而微以聖人飾而歸之，則彼必自負矣。既尊之以名，而復示之以勢者，蓋名則如稱王稱帝也。勢、則以其形勢之大也。而致其大尊者，又以其爲尊之極也。微飾聖人，使之言其德可以當，是崇高富貴也。以是驕之，則彼必恃其尊崇，而不加意於其國，宜其國之偷而弊也。謂之大偷之甚也。此正六國帝秦因以亡，唐高祖奉書李密，而李密因以敗，其國豈不偷乎?!其十、則欲得其情而以漸取之，下之以信，則彼必爲我之聽，其情可得矣。既得其情，則不可逆之，故承意應事，以致其從，如與同生，示無害彼之心。若是則彼之情既爲我得矣。既得而驟以去之，則彼必暴至，故當徼而收之以漸，使不自覺悟，及其危亡將至之時，如天喪之而已，亦不自知。此正高祖之於項羽，當項欲王關中，則假項梁語以無他意，王漢中則燒棧道以示無還心，其所以下之得其情，承意以應其事，非欲與之俱生乎?而漢王於此亦不以驟取之，方且養其姦而滋其惡，至於垓下之役，乃追而取之，且使羽有天亡之悔，非得其情而以漸取之，使之不自覺乎?!其十有一、則驕其心而誘其臣，然爲閉塞之道，蓋人情無不欲富貴惡死咎，吾則因其所欲而收之，以至於納勇智之士，皆所以誘其臣也。陰示大尊，又所以驕之而使不疑也。乃徼輸重寶，收其豪傑，則彼之爲臣者，慕吾之利，必歸於我，而吾又當厚其所積以爲養士之資，而外則陰收其士心，有智謀者，吾則納之，而使圖其計，有勇力者，吾則納之，而使高其氣，使彼各足於所欲，極其富貴而至於繇滋，則彼之臣皆樂爲吾用，吾得其人，則吾之徒黨已備，而可以圖彼之國，是彼爲我所塞矣。塞者，以其閉塞之而使不知其臣之爲已用，國之爲已圖也。有國而塞則必壞矣，安能復有其國。此亦高祖之於項羽，遣隋何以召黥布，築將壇以拜韓信，陳平張良之徒，皆樂爲之謀，陳豨樊噲之徒，皆力爲之用。高祖惟有以收楚之臣而用之，則高祖之徒黨已具矣，宜其可以拒項羽而取天下也。其十有二、則養其亂臣者，彼之所親信而委用者也。養以迷之則彼必爲之惑，進美女淫聲以惑之；蓋美女易以蠱人之心，淫聲易聾人之耳，其進以惑之，則彼必爲之變。遣良犬馬以勞之；蓋馳騁田獵，易使人心狂，故遣之以是，所以勞之，彼之心既爲衆感所亂，而吾復將以大勢誘之，則彼必自安其樂，而不慮其他，機既若是，而天時未可知，又上察天時，而下與天下圖之，蓋欲卜之天人之心，而以取之也。在紂之時，有惡來飛廉以爲之臣，而散宜生之徒，又求美女以進之，而太公方以告文王以惠民，以觀天道，則應天順人之舉，其在是與？，十二節備乃成武事，此蓋言伐之以文，既盡其術，則用之以武，斯可以成功。伐人本以武也，而必先之以十二節者，蓋剛不足以制剛，制剛者柔，强不足以勝强，勝强者弱，用之以文而可以成武事。此以柔弱制剛强之道也。脩是而用之，是能察天地料敵國而後舉也。孫子曰：校之以計而索其情，曰主孰有道，天地孰得，則所謂上察天，下察地者，乃所以校其天地之孰得也。微已見則危亡之證可見，正主孰有道之說也。若是則成敗決矣，故乃伐之。

順啓

文王問太公曰：何如而可爲天下？太公曰：大蓋天下，然後能容天下；信蓋天下，然後能約天下；仁蓋天下，然後能懷天下；恩蓋天下，然後能保天下；權蓋天下，然後能不失天下；事而不疑，則天運不能移，時變不能遷，此六者備，然後可以爲天下政。

聖人之於天下也，惟有無所不覆之道；則天下之於聖人也，亦有無所不服之心；聖人所以覆天下者不一而足，有大焉，有信焉，有仁焉，有恩焉，有權焉，皆所以覆天下也。大蓋天下者，以其德之大而無所不及也。聖人惟以是德而蓋之，故能偏覆包含而無所殊，是以能容天下也。此無他，有容德乃大也。惟有容，乃足以見其德之大，則以大蓋之，豈不足以容天下乎？信蓋天下者，以其誠之至而可以結之也。聖人惟以是誠而結之，故能使之附麗係屬而不散，是以能約天下也。此無他，信見信也。惟信，乃足以見信，則以信蓋之，豈不足以約天下乎？仁蓋天下，此聖人之仁政可以及之也。聖人惟以是仁政而蓋之，故能使之歸往趨附之不暇，是以能懷天下也。蓋民罔常懷，懷于有仁，民惟懷于有仁，則以仁蓋之者，豈不足以懷之乎？恩蓋天下，此聖人之恩惠足以及之也。聖人惟推是恩以蓋之，故能使之親附團結而不忍去，所以能保天下也。蓋推恩足以保四海，惟推恩足以保四海，則以恩蓋之，豈不足以保之乎？權蓋天下者，此聖人之勢足以制之也。聖人惟以是勢而制之，故可以維持天下而使之奔走服從，所以能不失天下也。蓋國柄不可以假人，借人國柄則失其權，權足以蓋之，豈不能不失天下乎？凡此皆其道足以覆之，故天下無不服也。道既足以覆之，則其舉之也，必可以成功，故事可以往而不疑，雖天之運，不能移易，時之變，不能遷徙，蓋以其事可以決往，功可以必成。天時不能易也。此無他，天干時日不若人事，人事既至，天必從之，雖有運變，何足怪耶？惟備是六者則天下必爲已有矣，故可以爲天下政。爲天下政者，蓋若是則可以爲政於天下，以天下之權歸於已也。昔者武王之興也，承文之丕謨，揚已之丕烈，則其大足以蓋天下矣。盟沛之會，不期者八百國，則其信足以蓋天下也。不忘遠，不泄謀，則其仁足以蓋天下也。發財散粟，列爵分土，則其恩足以蓋天下也。箕子告之以惟辟作福，惟辟作威，則權足以蓋天下也。天下安得而不歸乎周。則其所以容之、約之、懷之、保之、不失之也明矣。至於牧野之役，三千一心，雖雷雨晦明，群公盡恐，而太公乃折蓍焚龜，示以必往，誠以事不可疑，雖天運時變，不能遷移也。武王惟備是六者，所以能爲天下王而制天下政也。周家八百載之業，其基於此矣。

故利天下者，天下啓之；害天下者，天下閉之；生天下者，天下德之；殺天下者，天下賊之；徹天下者，天下通之；窮天下者，天下仇之；安天下者，天下恃之；危天下者，天下災之；天下者非一人之天下，唯有道者處之。

天下之道，施報而已。利之、生之、徹之、安之，皆所以施之也。啓之、德之、通之、恃之，皆所以報之也。施報之者亦以其道，苟非其道，則害而不利，殺而不生，窮而不徹，危而不安。而天下亦由是而閉之、賊之、仇之、災之，亦其施報之理也。利天下者天下啓之，此言上有以適天下之欲，則天下皆欲其歸己，故啓之以取天下之路。利者，人之所欲也；因所利而利之，彼豈欲吾啓耶？夫若有以利之而反害之，彼必失其所欲，豈欲其王己耶？故必閉之，而使不得有爲於天下。生天下者天下德之，此言上有以遂天下之性，則天下悅之，故以之而爲德。德者民之性之所存也，俾天下各正其性命，彼豈不順其所歸，而德己耶？若夫殺之則不有以生之，而民不獲保其性命矣，故必賊之而亦使之不共存於天下。徹天下者天下通之，此言上以情示乎下，則天下必以其情而達之。徹者，徹其情而示之以無所隱也。彼見上以情示之，則亦必以情應之，此所以天下通之也。若夫不徹以示之而困窮之使不得言，則天下亦不以情告，而反尤怨之矣。安天下者天下恃之，言有以因其俗，則彼必資是以樂其業。安者使之安止其所，生水安水，生陵安陵，彼既獲其安，則必歸所恃，此天下所以恃之也。若夫不有以安之，而反有以危之，則彼不安於其所，而思禍變之作，此所以災之也。大抵天下者，天下人之天下，非一人之天下。惟非一人之天下，故天下不能私一人，而一人亦不能求天下，必其有施之，而後天下以是報之。苟非其道必不能之矣；故惟有道者乃能處之。昔者文武之興，仁政之施，所以利天下也。救民水火，所以生天下也。明誓之告，所以徹天下也。一怒之威，所以安天下也。文武之君，惟以是施之，宜天下啓之、德之、通之、恃之、而咸與歸之也。文武之君，非有道之主，則亦何以能處此也。此書稱武王曰有道曾孫，宜其可以處此也。天下安得不周。

三疑

武王問太公曰：予欲立功，有三疑，恐力不能攻強，離親散衆，爲之奈何？太公曰：因之愼謀用財。夫攻強必養之使強，益之使張，太強必折，太剛必缺，攻強以強，離親以親，散衆以衆。凡謀之道，周密爲寶，設之以事，玩之以利，爭心必起。欲離其親，因其所愛與其寵人，與之所欲，示之所利，因以疎之，無使得志。彼貪利甚喜，遺疑乃止。凡攻之道，必先塞其明而後攻其強，毀其大，除民之害，淫之以色，啗之以利，養之以味，娛之以樂，既離其親，必使遠民，勿使知謀，扶而納之，莫覺其意，然後可成。惠施於民，必無愛財，民無牛馬，數餧食之，從而愛之。心以啓智，智以啓財，財以啓衆，衆以啓賢，賢之有啓，以王天下。

古之伐人之國者，必有隙可投，有釁可乘，而後可以取之。今以其勢求之，則其勢强而不弱；以其情求之，則其情親而不離；以其兵而求之，則其兵衆而不寡。若是則敵未有隙也，未有釁也，其何以能決勝而立功耶?!此武王所以疑其不能攻之、離之、散之也。强固難攻也，然有攻之道。項楚之勢，始非不强，及張良之計行，而楚强不足恃矣。楚之君臣，始非不親，及陳平之計行，而楚親不自信矣。楚之子弟，始非不衆，及楚歌之聲一闋，而楚衆無復爲楚矣。是則武王之所疑者皆不足疑矣。大抵欲伐人之國者，必因之而後可以成功。法有所謂踐墨隨敵，因形用權者，皆所以因之也。少師修則請羸師以張之，絞人貪則縱採樵以誘之，所謂因者此也。因敵固可以制敵，然所以料敵則有謀，所以役人則有財，謀不可泄，馬邑之役，匈奴覺之而去，此不能謹其謀也。財不可恪，衛國之民，受甲者皆不欲戰，此不能用其財也。能因敵而制之，加以謹謀用財，則敵國可取矣。夫攻强之道，非强固可攻也，以有術也。珏羸者壽考，盛壯者暴亡，人既有所恃，而吾復養而益之，則彼之有所恃者必將驕矣。驕則怠，怠則敗，此所以攻也。彼强矣。吾從而養之使强盛，此乃將欲取之，必因予之也。益之而使張大，此乃能欲翕也，必固張之也。彼既恃其强，樂其張，則必輕於自用，而忘其所戒，此所以必折必缺也。太强而折者，以其過於强則必折也。太剛而缺者，以其過於剛者則必缺也。虢以驕而復有爲田之勝，則晉之所以養之益地者極矣。亡夏陽不懼而又有功，天奪之鑒，此則强而必折，剛而必缺也。虢之亡也，可卜於此。故攻强以强，離親以親，散衆以衆，此因之之說也。夫敵必有可見之形，而後有可取之理，而不在於他求也。即彼之形因而制之耳。彼强矣，吾因其强而以攻之。彼親矣，吾因其親而以離之。彼衆矣，吾因其衆而以散之。以强攻强，則必有奇計以益之，而後其强可攻也。卑辭厚幣，奉書推尊，皆所以益其强而攻之也。以親離親，則必有貨賂以誘之，而後其親可離矣。收其左右，賂以重寶，皆所以離其親也。以衆散衆，則必有恩惠以及之，而後其衆可散也。發政施仁，散財發粟，皆所以離其衆也。太公養之使强，益之使張，此則以强攻强也。畀其所愛與其寵人，此則以親離親也。惠施於民，必無愛財，此則以衆散衆也。凡謀之道，周密爲寶，自此以下，是以謹謀因財也。謀以周密爲貴；周、備也，密、秘也，陰其謀密其機，此兵家之要法也。馬邑有伏，平地有奇，非所謂周密也。周密者，必若李光弼之擒二將，二將已擒，而諸將且有何易之間，然後足以盡之也。蓋計者兵之所用，而神者計之所貴。法曰：將謀欲密，其以此與？善爲謀者，必設之以事，玩之以利，而以激其爭心。設之利以事者，謂本無此事而僞設之，所以誤敵也。玩之以利者，謂彼本有貪心而吾復以利樂之，彼既爲吾所役，則必與吾爭，此爭心之所以起也。夫善爲兵者，初不可激而怒也。今彼爲我所役，而欲與我爭，則彼非善者也，斯可得而利之也。漢王以梁王反書示項羽，設之以事也。封秦府庫以遺項羽，玩之以利也。漢王惟以是設之，此項王所以必欲與之爭而後已，此能爭心由是而起乎？欲離其親，則必因其所愛與其寵人。此乃敵之取信之人也，吾必有以誘之，與其所欲，示其所利，乃所以陷之也。既有以陷其所寵愛之人，則其君之所親者固可得而疏間之矣，無使得以伸其志之所欲，彼所寵愛者，既爲吾所陷而喜於利，則必無疑於我矣。故遺疑乃止而少疑也。太宰嚭爲越所遺，而吳王之志不獲伸矣。豈非其心爲利所惑，故輕於君而不復致疑於我哉！凡攻之道，此又伸展攻強之道也，必塞其明而後攻其強，毀其大者。蓋人惟明於機，則不可得而傾。必先塞其明，使彼不知其或亡。而欲恣其所爲，則彼雖強可得而攻，雖大可得而毀。越人於吳，必去其直諫之臣，而卜以貨粟之事，所以塞其明也。夫然後因其伐齊之舉與夫黃池之會，而吳之強大爲可謀矣。除民之害則必有術，養成其惡，然後可得而共之。不有以養成，則其惡不彰，而民心不離。淫以色，啗以利，養以味，娛以樂，皆所以養成之也。太公於文伐十二節，有所謂輔其淫樂，以廣其志，厚賂珠玉，娛以美人，是亦將以逢其欲而去之也。彼既得以遂其所欲，則其親者離矣，既離其親，豈復有意於民。故必使遠民言使之以親民事也。是謀也，乃陰謀也，不可使人知。是謀一行，則可以擠之於危亡之地，故扶而納之，莫覺其所以擠之之意，則吾之志，始可得以有成矣。此正太公以陰謀之說告武王，而與之傾商政也。彼既不意吾民，而民始懷吾之惠矣。欲施惠於民，必不可以愛財，蓋財可以聚民也，無財不可以爲悅。易曰：何以聚民？曰財。則惠民者不可以愛財也。蓋民如牛馬，必有以飼之，而後可以用之，故餧食之所以愛也。伺而不愛之，則彼必悖而不馴，故必當愛之。財固可以得民也。故所以理財則出於聖人之心術，聖人推是心以開啓其智，用是智以開啓其財，則所以理是財者，本於聖人之心術也，聖人惟以是心術而理財，故用財而可以得人心，因財以致衆，因衆以致賢，皆財之所由啓也，人心豈有不歸之乎？人心既歸，則因之而可以成王業。蓋賢人之心皆爲我所致，則必與吾共興王於天下矣，蓋得賢則可以立邦家之基，宜其所以王天下也。太公之於文武，其所以告之者皆同意也。故其告文王也，則有所謂以餌取魚魚可殺，以祿取士士可竭，推而至於以國取天下天下可畢，是亦財啓衆，以衆啓賢，以賢王天下之意也。而其終篇有所謂樂哉！聖人之慮，玆非心以啓智之意乎？太公既以是意而告文王，復以是意而告武王，豈非欲使之成其志於天下，周家社稷之立，太公之力與?!

龍韜

王翼

武王問太公曰：王者帥師，必有股肱羽翼以成神，爲之奈何？太公曰：凡舉兵帥師，以將爲命，命在通達，不守一術因能授職，各取所長，隨時變化，以爲綱紀。故將有股肱羽翼七十二人以應天道，備數如法，審知命理，殊能異技，萬事畢矣！武王曰：請問其目？太公曰：腹心一人；主潛謀應卒，揆天消變，總攬計謀，保全民命。謀士五人；主圖安危，慮未萌，論行能，明賞罰，授官位，決嫌疑，定可否。天文三人，主司星歷，候風氣，推時日，考符驗，校災異，知天心去就之機。地利三人；主三軍行止，形勢利害消息，遠近險易，水涸山阻，不失地利。兵法九人；主講論異同，行事成敗，簡練兵器，刺舉非法。通糧四人；主度飲食蓄積，通糧致五道，穀，令三軍不困乏，奮威四人，主擇材力，論兵革，風馳電擊不知所由。伏旗鼓三人；主伏旗鼓，明耳目，詭符節，謬號令，闇忽往來出入若神。股肱四人；主任重持難，修溝塹治壁壘，以備守禦。通才三人；主拾遺補過，應偶賓客，論議談語，消患解結。權士三人；主行奇譎，設殊異，非人所識，行無窮之變。耳目七人；主往來聽言視變，覽四方之事，軍中之情。爪牙五人，主揚威武，激勵三軍，使冒難攻銳，無所疑慮。羽翼四人；主揚名譽，震遠方，搖動四境，以弱敵心。近士八人；主伺姦候變，開闔人情，觀敵之意，以爲間諜。術士三人；主爲譎詐，依託鬼神，以惑衆心。方士二人；主百藥以治金瘡，以痊萬病。法算二人；主計會三軍營壁，糧食財用出入。

大廈之成，非一木之技；良裘之製，非一狐之腋。堯舜至治之世，上行下効，若無賴於其臣也。而舜之都俞之際，且有汝爲汝翼之言，有喜哉良哉之歌，以王有帥師以立大功，其可無輔助之人乎？股肱所以運也，羽翼所以奮也，既得是人，則可以張吾之威神，而使人之畏慕也。蓋虎之所以能使百獸畏者，以有牙距也；鷹之所以能使百禽畏者，以其有爪掌也。虎而去其牙距則虎之威無所伸矣；鷹而去其爪掌則鷹之威，無所奮矣。君之所以能使天下畏者，以其有股肱羽翼之臣也。君而不得其臣，則何以成其威神耶?!是以大漢之興，股肱則蕭曹，爪牙則信布者，蓋欲借是而以伸其威神也。武王未得若人而用之，此武王所以有爲之奈何之問也。夫舉兵帥師，以將爲命，蓋將者民之司命，死生之所係也。故舉兵帥師之際，必以將爲命，命在通達，不守一術，此言爲將者貴知變也。命在通達，則以其能通變也。通其變乃可以使民不倦，故爲軍之命者，必通變而不可執一也。法曰：權出於戰，不出於中人，不出於中人執一無權，必不可與言戰也，將其可執一而不通達乎？術者，奇正之術也。法曰：奇正皆得國之輔也。爲將者必欲兩盡其術，寧可執一乎？至於用人之際，則不可或拘其才，故因能授職，各取所長，使得以盡其能而任其事。才之大者則大用之，才之小者則小用之。長爲智者爲謀生，長於騎者爲騎將，長於步者爲步將，凡此皆因能而授以職也。至於驅之以應敵，則又因官而定其制。時可用漢，則示之以漢以爲之制；時可用蕃，則示之以蕃以爲之制。凡此又因時所宜，變化而應之，以爲之制也。紀綱者，法度之謂也。昔光弼之爲將也，自牙將以下，如廷玉惟正之徒，各以能稱職者，以光弼能因所長也。至於應敵之際，擒日越則留希德以野次，克周摯則與廷玉惟正以鐵騎，是又因時變化，而以爲之綱紀也，將之貴乎得人也如是，故將之任資以爲股肱羽翼者，凡七十二人。自腹心一人謀士五人，至於方士五人法算二人，凡十八職。其七十二人，官不徒設，必取之天數，而以爲建官之制。天有七十二侯，而將置股肱羽翼七十二人，所以應天道也。昔者周之世，建官三百六十員，人惟見其三百六十也，而不知成周之制取之周天三百六十度也。東漢之世，雲臺之像二十有八，人惟見其二十有八也，而不知東漢之制取之二十八宿之數。蓋建官之法，非有所私也，必有所取象也。其術如此，亦必欲得其所以充其職，使其人以治其事，所以謂之備數如法也。用人之道固在所盡，而爲將之道不可不明。故又盡其在己者，而審知爲將之理。命理者，將理也；以將爲命，故謂之命理，殊能異技。此則人各得盡其所長，而善於其職。若是則舉無遺事，故萬事畢。畢、盡也，言可以盡行軍之事也。太公雖言七十二人之應，而武王未知其所用之人，故復問其目，所以求其職之所分也。自腹心一人以下，至於法算二人，此七十二人之數也。蓋其職有詳略，故其人有多寡，此所以或一人或二人或三人至於或八或九人，皆因其職而分之也。腹心一人，此則將之所賴以定大計者也。漢王之良、平，蕭王之寇、鄧，皆腹心之臣也。主潛謀計謀以應倉卒，揆度天心，消去時變，以其司大計之所定，故計謀在所總攬，而民命以之保全。謀士五人，此則謀主也，有智者皆可爲之。此田忌之孫臏，韓信之左車，皆謀主也。主圖安危慮未萌，此則論成敗之所在也。論行能，此則較人才之長短也。明賞罰，此則公馭人之權也。授官位，此則原用人之法也。決嫌疑，定可否，又所以爲勝敗之政而收其成功也。天文三人，此則觀天象以察時變也。成周之際，有太史之官，大師抱天時與大師同車，此則天文之職也。主司星歷則以觀星辰之變動，孩風氣則以察時風之逆順，推時日以觀其數，老符驗以觀其諮，校災異以從其變，卽是數者則天心之去就可知矣。故以此知天心去就之機，天之所與吾則取之，所以應天也。地利三人，則擇之利以處軍。如衛青與張騫知地利者也，主行軍營壘之事，故三軍行止，形勢利害消息可與不可，皆聽從之。遠近險易之形與夫水涸山阻不利之地亦皆知之。惟知地利，故不失其利。以至兵法九人，此則韜鈐之士，曉兵法者也。彼惟能曉兵法，故可使講論異同。行事成敗，此則論勝負也。簡練兵器則欲便於用也。刺與非法則刑罰不中命者也。凡此者兵法之所該，故使講主之。通糧四人，此則運糧食之職也。故主度飲食蓄積，通糧道致五穀，以足其用，使三軍不至於困乏，以其能足糧食也。奮威四人，此則選鋒之士也。故材力之士在所擇，兵革之士在所論，其奔擊之速，如風馳電擊，人不知其所出。伏旗鼓三人，此則勇力之士也。故使之伏旗鼓，明耳目。蓋旗鼓軍之耳目也。惟伏旗鼓，故可以明耳目。詭符節謬號令，所以惑敵也。惟能惑敵，故闇忽往來，出入若神，敵不得而制之。股肱四人，此則代舉復者也，必其能力於治事也。故主任重持難，言代將任重難之事，修溝塹治壁壘，所以爲守禦之備。通才三人，此則智略之士也。故主拾遺補過以輔助之，應偶賓客，論議談語，以代應對之職，消患解結，以除危難之事。權士二人，此則通變之士也。行奇譎設殊異，則主爲奇謀以誤敵也。奇謀所出，人不可知，故非人所識而獨運之於無窮之中，故能行無窮之變。耳目七人，所以廣聞見也。故主往來聽言視變，四方之事，軍中之情，皆所當察，故在所覽。爪牙五人，所以敵愾也主。故揚威武以激勵三軍，使敢於進戰，可以冒難攻銳，無所疑慮，言可使之必往戰也。羽翼四人，所以張聲勢也。故主揚名譽震遠方，搖動四境，以警懾之，故敵可弱。遊士八人，此說士也。故主伺奸候變，以開闔人情，使人心不疑，觀敵之意以爲間諜，是又因敵之情而惑之也。術士二人，此巫卜之職也。欲假是以成其事，故主爲譎詐依托鬼神，以惑衆心。方士二人，此醫療之職也。故主百藥以治金瘡，痊萬病。法算一人，此善會計者也。故主會計營壁，所以度地也；會計糧食財用出入，所以理財也。

論將

武王問太公曰：論將之道奈何？太公曰：將有五材、十過。武王曰：敢問其目？太公曰：所謂五材者，勇智仁信忠也；勇則不可犯，智則不可亂，仁則愛人，信則不欺，忠則無二心。所謂十過者，有勇而輕死者，有急而心速者，有貪而好利者，有仁而不忍人者，有智而心怯者，有信而喜信人者，有廉潔而不愛人者，有智而心緩者，有剛毅而自用者，有懦而喜任人者，勇而輕死者可暴也，急而心速者可久也，貪而好利者可遺也，仁而不忍人者可勞也，智而心怯者可窘者也，信而喜信人者可誑也，廉潔而不愛人者可侮也，智而心緩者可襲也，剛毅而自用者可事也，懦而喜任人者可欺也。故兵者，國之大事，存亡之道，命在於將。將者國之輔，先王之所重也，故置將不可不察也。故曰：兵不兩勝，亦不兩敗，兵出踰境，期不十日不有亡國，必有破軍殺將。武王曰：善哉！

任官惟賢才爲國之要也，官之所任，必欲得人。況將之爲職，社稷安危之所係，萬民死生之所托，詎可妄愛之耶？必得其人，而後可以專其任，人不能皆賢，而有不肖者焉，此所以在所論也。夫孫子之論將，有所謂智信仁勇嚴，孫子智信仁勇嚴，即太公之五材也。又有所謂將有五危，孫子之危，即太公之十過也。材則必勝，過則必敗。可不論之乎？是以晉謀將帥則必曰郤穀可，此以材論之，而知其可以也。趙將趙括，其母力言不可，此以非其材論之，而知其不可也。將之材有五，所謂智信仁勇忠，皆材也。勇敢於進戰，故不可犯，漢之李廣可謂勇矣，故虜不敢犯之。智則明於應事，故不可亂，張良運籌帷幄，決勝千里，其孰得而亂之。仁則有惻隱之心，故能愛人，李忠嗣亦仁者矣，不以萬人命易一官，非愛人乎？信則以誠相待，故不欺人，羊祜亦信矣。當時吳將且有安有鴆人羊叔子之言，則其不欺也可知。忠者必一心事君，而無疑貳，故無二心，裴晉公討賊，誓不與俱存，非無二心乎？必備是才，而後可以居是職，五材旣備，斯可以矣。五者其與孫子之五者亦一律矣。而孫子易忠以嚴者，蓋人誰不忠。而嚴者又治軍之所先也，先之以智者，蓋孫子言之始計，非智不可也，其爲過也有焉。勇而輕死，至於懦而喜任人，凡十焉。勇而輕死，必無持重之心，故可暴以激之。如楚子玉剛而無禮，是勇而輕死者也，故可暴。急而心速者，必不能持久，故可久以縻之。若趙括之出銳博戰，可謂急而心速者也，故可久。貪而好利，此則好貨者也，故可遺之以賂。若秦之嶢關之將，可謂貪而好利者也，故可遺。仁而不忍，則不欲勞其民，故可得而勞之。若夫忍於人而如張巡者，則不可勞矣。智而心怯，則必不能斷，故可窘。孔明雖知天下大計，然謀多決少，亦可窘也。信而喜任人，則內無所主，而輕信人者也，故可誑。騎劫信齊人之言，喜信人者也。廉潔而愛人，則其心懦，故可侮。苟貪而愛人若吳起則不可侮矣。智而心緩則必不能速戰，故可襲。荀攸謂陳宮有智而遲，此智心緩者也。剛毅而好自用，則必無謀，故可事。若項羽之剽悍，則剛毅而好自用者也。懦而喜任人，則必不明於事，故可欺，雖任人而不懦如趙奢輩，則不可欺矣。將有十過，用之必敗，其可不詳論而謹擇之乎？此十者其與孫子之五危，亦大率相若也。將之爲任：難乎其人也。若是，故太公復言所以置將之道不可輕。蓋兵者國之大事，兵之所爲大事者，以其存亡之所係也。存亡之道，命在於將，實統是兵也。兵有成敗，則國有存亡，故其命屬之於將。將者國之輔也，以其可以助國之威勢也，先王得不重之乎？惟將爲可重，此置將之際，所以不可不察也；其察之者欲其得人也。其在孫子亦云，兵者國之大事，存亡之道，不可不察也。而太公亦云者，孫子之意，為擧兵者言也。太公之意，為擇將者設也。此太公所以置將不可不察為言，惟兵在於將，故勝負係焉。兵不兩勝，亦不兩敗，蓋天下之勢，不兩立也久矣。此盛則彼衰，彼强則此弱，不勝則敗，二者必有一於此。不勝不敗者，必若河曲之戰，秦晉交綏而後可也。若泜水之役，陽處父退舍，子尙亦退舍而後可也。不然必有勝敗。有奇兵而踰境，無十日之期，必有勝負。此言一擧之間，成敗係焉，奚待於久耶？十日之間，不能亡彼之國，則必破軍殺將，蓋以勝負成敗，所以一見決也。武王曰：善哉！蓋以其言之盡理，故不可不以善也。

選將

武王問太公曰：王者擧兵，欲簡練英雄知士之高下，為之奈何？太公曰：夫士外貌不與中情相應者十五；有廉而不肖者，有溫良而為盜者，有貌恭敬而心慢者，有外廉謹而內無至誠者，有精精而無情者，有湛湛而無誠者，有好謀而不決者，有如果敢而不能者，有悾悾而不信者，有怳怳惚惚而反忠實者，有詭激而有功効者，有外勇而內怯者，有肅肅而反易人者，有嗃嗃而反靜愨者，有勢虛形劣而外出無所不至無所不遂者。天下所賤聖人所貴，凡人莫知，非有大明，不見其際，此士之外貌，不與中情相應者也。

人固不易知，知人亦未易。以山濤之賢，三十年而不知其子簡；以王濟之賢，三十年而不知其叔湛。夫親莫親於父子叔姪，而有三十年而不知者，況其他乎？此武王所以欲簡練英雄知其才之高下，而太公所以質外貌與中情而論之。夫世固有碔中而玉表，羊質而虎皮者，烏可以其外而信其中耶？有大辯而若訥，大巧而若拙者，又烏可以其外而弃其內耶？聖人亦智於知人者也，而門弟子又皆其平日所相與周旋而講究者也。其知之若無甚難者，而聖人且謂以貌取人，失之子羽，以言取人，失之宰我，是則中情外貌爲難究也久矣。況於素不相遇者，一朝欲擇而用之，不亦難乎？嚴而不肖，溫良而爲盜，貌恭而心慢，外廉謹而內無至誠，與夫精而無情，湛其無誠，奸謀而不決，果敢而不能，悾悾而不信，外勇而內怯，肅肅而易人，若是者皆其外可取，而內實失之者也。不可以其外而信其內，有恍惚而反忠實，詭激而有功効，嗃嗃而反靜愨，勢虛形劣而外出無所不至無所不遂者，皆其外若無能，而其內反有可取者也。可泥其外而弃其內，惟其人材之相去。內外或遠，是以世之去取。所見亦異，天下之所賤者，疑若可賤也。而聖人之所貴者，乃天下之所賤者也。何者？天下之所見者外，聖人之所見者內也。所見既殊，故其去取亦異，天下之所見，惟不及於聖人，此凡人所以莫知，惟至明者乃知其極。苟非有大明見者，則亦何以見其涯際哉？此無他，中情外貌不相應，所以難也。

武王曰：何以知之？太公曰：知之有八徵。一曰：問之以言以觀其辭；二曰：窮之以辭以觀其變；三曰：與之間諜以觀其誠；四曰：明白顯問以觀其德；五曰：使之以財以觀其廉；六曰：試之以色以觀其貞；七曰：告之以難以觀其勇；八曰：醉之以酒以觀其態，八徵皆備，則賢不肖別矣。

人雖有難知之情，而有可知之理。所謂可知之理，果何在哉？昔翼奉嘗上封事於元帝，時謂知人之術，在於六情十二律。而執十二律以御六情，以參虛實，萬不失一。所謂知人之理，其在是乎？非也。

夫子有言，視其所以，觀其所由，察其所安，人焉廋哉，此正知人之術也，此太公所以以徵明之。問之以言，以觀其辭，蓋未知其所蘊，則求之於言。言、心聲也，情動於中，而後形之於言，問之以言，則彼必有所應之辭，吉人辭寡，躁人辭多，即是以觀，則其中之所蘊者可知矣。昔高祖於韓信，設拜之際，則有所謂將軍何以教寡人之言，此欲問以言而以觀其辭也。窮之以辭以觀其變，則究其所以盡是變者，而以知其所得也。辭而或窮，則變亦有所窮矣。故窮之以辭，可以觀其變。昔孫武之見吳王，吳王既觀其書，而復欲試以勒兵，此欲窮之以辭以觀其變也。與之間諜以觀其誠，此又觀其所蘊之忠否。彼其果忠誠耶？雖間不入，此武涉蒯通之說，所以不能變韓信之心也。或以爲使爲間諜，此食其康儉之徒，所以身死於敵而不變也。明白顯問以觀其德，此其究其所操守，而明白顯問之，以觀其內之所存者如何？此光武所以以何顧而問鄧禹也。使之以財以觀其廉者，蓋人惟無貪心，則貨賂不可移，使之以財，彼既不貪則廉矣。以是求之，則有如張奐之廉潔者必可得矣。試之以色以觀其貞，蓋人惟所守者正，則必不爲色所惑。故以色試之，可以觀其貞否？以是求之，則有如吳起之貪而好色者，必可得而知矣。告之以難以觀其勇，蓋人惟敢於有爲，則必不擇事而安。告之以難，而彼無所避，則其勇可知也。以是求之，則有如馬援之矍鑠者可得而知矣。醉之以酒以觀其態，夫人內有所養者，則必不爲酒所惑，故醉之以酒，可以知其態，彼不困於酒則賢矣。以是求之，則有如季布之使酒任氣者，可得而知矣，大抵觀其外，可以知其內，八徵既備，則人之內外無所蘊矣，故賢不肖皆得而知之。

立將

武王問太公曰：立將之道奈何？太公曰：凡國有難，君避正殿，召將而詔之曰：社稷安危，一在將軍，今某國不臣，願將軍帥師應之。將既受命，乃命太史卜齋三日，之太廟鑽靈龜，卜吉日以授斧鉞，君入廟門西面而立，將入廟門北面而立，君親操鉞持首，授將其柄曰：從此上至天者，將軍制之；復操斧持柄，授將其刃曰：從此下至淵者，將軍制之，見其虛則進，見其實則止，勿以三軍爲衆而輕敵，勿以受命爲重而必死，勿以身貴而賤人，勿以獨見而違衆，勿以辯說爲必然，士未坐勿坐，士未食勿食，寒暑必同，如此則士衆必盡死力。將已受命，拜而報君曰：臣聞國不可從外治，軍不可從中御，二心不可以事君，疑志不可以應敵，臣既受命，專斧鉞之威，臣不敢生還，願君亦垂一言之命於臣，君不許臣，臣不敢將，君許之，乃辭而行，軍中之事，不聞君命，皆由將出，臨敵決戰，無有二心，若此則無天於上，無地於下，無敵於前，無君於後，是故智者爲之謀，勇者爲之鬥，氣厲青雲，疾若馳騖，兵不接刃而敵降服，戰勝於外，功立於內，吏遷士賞，百姓歡悅，將無咎殃，是故風雨時節，五穀豐熟，社稷安寧。武王曰：善哉！

非禮無以得賢，非賢無以制難。昔高祖欲召韓信拜爲大將，蕭何曰：王素慢無禮，今呼大將如召小兒，此乃信所以去也。乃設壇場具禮拜之，大抵不盡其禮，不足示其誠，不推以誠，不足以感其心，太公之所以告武王立將之道，誠欲武王盡禮以感激之也。當國家多難之際，避正殿而召將，所以示其不自居其尊也。詔之以社稷安危之寄，所以重其責也。遂告之以所伐之國，彼有不臣之心，將軍其往應之，所以示其師出之有名而非已也。故曰應之而已。將既受命，乃命太史卜齋，所以示其敬。齋三日而之太廟，鑽龜卜日而授斧鉞，所以告之神。君入廟門西面而立，立於阼階也。將入廟門北面而立，所以存答君之義也。君操鉞持首，授之以柄曰：從此上至天，將軍制之；復操斧持柄，授之以刃曰：從此下至淵，將軍制之。其所以然者，所以專其任也。操鉞授柄者，取其有所執也。操斧授刃者，取其有所斷也。其任之既專，又恐其失之自用，故告之以利害之所寓。夫見可而進，知難而退，軍之善政也。故見其虛則進，是見可而進也。見其實則止，是知難而退也。勿以三軍爲衆而輕敵，此兵法所謂惟無武進也。恃其衆而不審其謀，非武進乎？勿以受命爲重而必死者，兵法有必死可殺之戒，以受命爲重而必死於敵，此危道也，故勿以是而爲重而必死。勿以身貴而賤人，懼其驕以失衆也。勿以獨見而違衆，懼其剛愎而自用也。勿以辯說爲必然，懼其爲敵所誑也。以至勞佚必以身同之，故士未坐勿坐，士未食勿食，寒暑必與之同，士卒感之，豈不爲之盡力致死。責之既重，任之既專，戒之既至，則受命而出者，得無所報乎？是以將拜而報，則必分內外之任，別軍國之治，謂國不可從外治，軍不可從中御，此所以別軍國之異政也。古者立將之際，推轂之間，告之以自閫以外將軍主之，自閫以內寡人治之，是則軍國之治，未嘗不分也。而將復爾云者，懼其掣肘也。二心不可以事君，言以忠報國，無有二心也。疑志不可以應敵，言以智決之也。既受命而往，專斧鉞之威以爲權，則必以滅敵爲期，故不敢生還。古之人固有誓不與賊俱存如裴晉公者，則不敢生還之說可驗矣。於是將又欲有以堅其君之心，故又求君一言之諾，君既許之，乃辭而行，此甘茂所以指息壤以告昭王也。君既任之專，則將亦不可不專，故軍中之命皆由將軍，而君命有所不受，此細柳之營吏，所以有軍中聞將軍令，不聞天子詔之言也。將權既專，則其志必一，故臨敵決勝，無有二心，此魯山之所以願爲斷頭將軍也。任專而性誠，宜其無天於上，無地於下，無敵於前，無君於後，莫之或制也。其說見於尉繚子。將權惟若是其專，故人亦樂爲之用。智者則獻其明，故爲之謀，勇者則致其力，故爲之門，其氣之奮可以塵厲青雲，其勢之疾若馳騖焉。騖疾騖馳，兵不接刃而可以服人。戰勝於外，收功於內，吏遷其官，士獲其賞，百姓歡悅，以其可以慰其心，將無咎殃，以其行罰之當。夫若是則人和而天地之和應之。故風雨時節，五穀豐熟，社稷以之安寧。武王一聞太公之言其効若此，烏得而不稱善。其在制旨兵法，於論大將篇，有卜齋之太廟，鑽龜卜日，以受旗鼓之說；有操鉞授柄，操斧授柄之說；又有國不可以從外治，軍不可從中御之說；以至無天於上，無地於下，無敵於前，無君於後，其言大抵與此同。張昭之法，必本於此也。不然，何以古者人君命將爲言其終。又曰：兵之所加者，必無道之國也。故能戰勝而不報，取地而不還，民不疾疫，將不夭死，五穀豐昌，風雨時節，戰勝于外，福生于內，是故名必成，而後無餘害矣。玆非爲天下去愁歎之苦而人和故能然矣。昔者文侯之將吳起，嘗與夫人醮之於廟矣。此則得太公告廟之禮也。衛伐邢，師興而雨。此則得周人伐商而年豐之意也。故衛人亦以伐商之說證之。

將威

武王問太公曰：將何以爲威，何以爲明，何以爲禁止而令行？太公曰：將以誅大爲威，以賞小爲明，以罰審爲禁止而令行。故殺一人而三軍震者殺之，賞一人而萬人悅者賞之，殺貴大，賞貴小。殺及當路貴重之臣，是刑上極也。賞及牛豎馬洗廄養之徒，是賞下通也。刑上極賞下通，是將威之所行也。

將必有權，欲知其權之所盡，則必求其所以爲權者。威也，明也，禁止而令行也，皆將之所以爲權也。武王欲求其所以爲權者，故以何以爲問。太公則具言其所以盡之者。夫刑必欲人畏，不威則何以使人畏；賞必欲人勸，不明則何以使人勸；禁令必欲使人遵，罰不審則何以使人遵。誅之所以爲威者，非在數誅也，能誅大則可以爲威。賞之所以爲明者，非在數賞也，能賞小則可以爲明。蓋人莫不憚尊貴而忽微賤，故於尊貴刑有所不加，而於微賤者賞有所不及，非所以爲威明也。惟不憚權貴，而大者有罪則必誅，乃所以爲威也。不遺微賤，而小者有功則必賞，乃可以爲明也。是皆權極其所用，故人服其威與明也。至於用罰則尤不可妄加於人，必審其可而後行，則其爲罰也當矣！故禁之必止，令之必行，是又權當其用，而人必唯上之從，故也。故殺一人而三軍震者殺之，此言刑之當而可以使懲，故殺一人而三軍震慄。其所銖者寡，而所懲者衆也，烏得不殺；賞一人而萬人悅者賞之，此言賞之當而可以使人勸，故賞一人而三軍喜悅。其所賞者寡而所勸者衆也，烏得不賞。李光弼北城之戰，所以能使三軍爭奮死生以之者，以其殺之足以震三軍，而賞足以悅萬人也。刺賊者立賜之絹，不刺而立置之斬，玆其爲權，豈不足以震三軍而悅萬人乎?!殺則貴大，以其銖大則可以爲威也。賞則貴小，以其及小則可以爲明也。殺何以見其貴大，以其雖當路貴重之臣，有罪必誅，其能殺大也，其爲刑可以極乎上矣。賞何以見其貴小，以其雖牛豎馬洗廄養之職，有功必賞，是能賞小也，其爲賞可以通乎下矣。刑能上極則可以使之畏，賞能下通則可以使之勸，既畏且勸，將威行矣，此威之所以行也。昔穰苴之斬莊賈，是能使刑上極也。趙奢之以許歷爲國尉，是能賞下通也。其在尉繚子亦曰：殺之貴大，賞之貴小，繼之以夫能刑上究賞下流，此將之威也，亦此意也。

勵軍

武王問太公曰：吾欲令三軍之衆，攻城爭先登，野戰爭先赴，聞金聲而怒，聞鼓聲而喜，爲之奈何？太公曰：將有三。武王曰：敢問其目？太公曰：將冬不服裘，夏不操扇，雨不張蓋，名曰禮將。將不身服禮，無以知士卒之寒暑。出隘塞犯泥塗，將必先下步，名曰力將。將不身服力，無以知士卒之勞苦。軍皆定次，將乃就舍，炊者皆熟，將乃就食，軍不擧火，將亦不擧，名曰止欲將。將不身服止欲，無以知士卒之飢飽。將與士卒共寒暑、勞苦、飢飽，故三軍之衆，聞鼓聲則喜，聞金聲則怒，高城深池，矢石繁下，士爭先登，白刃始合，士爭先赴，士非好死而樂傷也，爲其將知寒暑、飢飽之審，而見勞苦之明也。

人必有所感，而後有所勉。吳子嘗謂：民知君之愛其命惜其死，若此之至，而與之臨難，則士以進死爲榮，退生爲辱矣。是則上必有以感乎下，而後可以使之勉也。如欲三軍之衆，攻城爭先登，野戰爭先赴，聞金而怒，而聞鼓而喜，其可無術以激之乎?!聞金而怒，聞鼓而喜者，蓋金所以止也，鼓所以進也。士卒欲進而惡止，故聞金而怒，怒其止之也。聞鼓而喜，喜其進也。是皆有以感之故能然也。大抵將之統軍，必以身同之，而後可以得其用。太公所謂三將，皆以身同之也。將冬不服裘，非無裘也，思士卒之有號寒者也。夏不操扇，非無扇也，思士卒之有冒暑者也。雨不張蓋，非無蓋也，思士卒之有暴露者也。若是之將，名曰禮將。將不身服禮，則何以知人之寒暑，蓋人惟有禮而後知所以待下，所以謂之禮將也。若出隘塞之地，冒犯塗泥，將不憚其艱難，而必先下步，所以示其不自安，而與之同勞苦也。若是者謂之力將，惟以力自用，故知人之勞苦。勞則欲息，飢則欲食，暗則欲明，情均也。故軍次定，而後將就舍，以人皆得所息也；炊皆熟，而後將就食，以人皆得其食也；軍擧火，而後對擧火，以人皆得其明也。凡此皆所以同其欲，故謂之止欲將。止欲者言不自肆其欲，而能止之以與衆同也。不能自止其欲，則何以知人飢飽之所欲。將惟與之寒暑、勞苦、飢飽，故三軍必有所感而勉。雖罹患難，有所不辭，故樂進惡退。所以喜於聞鼓，而惡於聞金。雖堅城之下，矢石之間，必爭先登之；雖堅陣之前，鋒刃之下，必爭先赴之；非好死樂傷故爭先也，以其心有所感，故思有以報上也。向非爲將者審知士卒寒暑飢飽，明見士卒之勞，則亦何以致其然。昔楚子巡城，而三軍之士，皆如挾纊。越王投醪，而三軍之士，喜滋味之及已。至於穰苴之同勞苦，吳起之舍不平隴畝，田單之身操版鍤，不無得於太公三之將之說也。其在尉繚子，亦言勤勞之師，將必先已，暑不張蓋，寒不重衣，險必下步，軍食熟而後飯，軍壘成而後舍，勞佚必以身同之，亦此意也。

陰符

武王問太公曰：引兵深入諸侯之地，三軍卒有緩急，或利或害，吾將以近通遠，從中應外，以給三軍用，爲之奈何？太公曰：主與將有陰符，凡八等：有大勝克敵之符長一尺，破軍擒將之符長九寸，降城得邑之符長八寸，卻敵報遠之符長七寸，警衆堅守之符長六寸，請糧益兵之符長五寸，敗軍亡將之符長四寸，失利亡士之符長三寸。諸奉使行符，稽留若符事聞泄，告者皆誅之。八符者主將秘聞，所以陰通言語不泄，中外相知之術，敵雖聖智莫之能識。武王曰：善哉！

天下所恃以爲至信者，莫如符節，符與節皆可以示信，而太公論緩急利害之所用，獨以符言者，蓋符以合驗尤其至密故也。門關用符節，蓋以門關之禁爲嚴，故其合驗也必以符，陰符之說，亦取其可以合驗也。主與將通而用之，其爲制也凡八等，其最長者一尺，其最短者三寸，長短之所以若是者，必有以也。其勝捷之符則長，以其長於算也。不利之符則短，以其短於算也。至於常用之符則中制焉，是以大勝之符一尺，擒將之符九寸，得邑之符八寸，却敵之符七寸，皆勝捷之符長也。敗軍失利，皆爲不利，故以四寸三寸。至於警衆堅守請糧益兵則其所常用，故以六寸、五寸。符之用也欲其速，不速而稽留則爲失期，亦欲其密，不密而泄則爲失機。凡此二者，皆行符之使不謹其職，皆在所誅。八符之用，主將陰謀之所寓，故爲秘聞。而以陰通言語不泄，中外相知之術，莫善於此，又豈敵人所可測哉？故雖聖智亦莫之識。昔者魏公子無忌欲帥兵救韓，魏侯不許，乃奪晉鄙兵符而以發其兵，符之所用不可不謹如此。況陰符之用，其可不密乎？！

陰書

武王問太公曰：引兵深入諸侯之地，主將欲合兵行無窮之變，圖不測之利，其事煩多，符不能明，相去遼遠，言語不通，爲之奈何？太公曰：諸有陰事大慮，當用書不用符；主以書遺將，將以書問主：皆一合而再離，三發而一知。再離者分書爲三部，三發而一知者，言三人操一分，相參而不相知情也，此謂陰書，敵雖聖智莫之能識。武王曰：善哉！

有陰符，又有陰書者，符雖可以合驗，然不若陰書之所載，其參用之爲尤密也。蓋用兵之道，事不可使人窺，力不可使人知，事而可窺，其事窮矣；功而可知，其功微矣。武王於主將合兵之際，欲行無窮之變，則其事必欲人之不可窺；欲圖不測之利，則其功必欲人之不可知也。然其事爲多，非符所能盡。況主將相去遼遠，言語不能相通，爲之必有其道。太公謂陰事大慮，非符所能盡，必書而後可，爲主者欲通於將，則必以書遺將，將欲通於主，則必以書問主。其爲書皆一合而再離者，言分一幅而爲三部也。惟分發而三，故三發而可以一知。三發而一知者，言人持一分，合三人之所持，參而用之，故三發而一知。人所操，各不相知情，知情懼其知之則因以爲奸也。陰書之用，若此其密，敵雖聖智又安能識之。昔者仲連嘗飛矢遺書以與齊將，使之出降，是亦得陰書之遺意也。

軍勢

武王問太公曰：攻伐之道奈何？太公曰：資因敵家之動，變生於兩陣之間，奇正發於無窮之源，故至事不語，用兵不言。且事之至者，其言不足聽也；兵之用者，其狀不足見也；倏而往，忽而來，能獨專而不制者，兵也。夫兵聞則議，見則圖，知則困，辨則危，故善戰者不待張軍。善除患者理於未生，善勝敵者勝於無形，上戰無與戰。故爭勝於白刃之前者，非良將也；設備於已失之後者，非上聖也；智與衆同，非國師也；技與衆同，非國工也。事莫大於必克，用莫大於玄默，動莫神於不意，謀莫善於不識。夫先勝者，先見弱於敵，而後戰者也，故事半而功倍焉。聖人徵於天地之動，孰知其紀，循陰陽之道而從其候。當天地盈，縮因以爲常，物有死生，因天地之形，故曰未見形而戰，雖衆必敗。善戰者居之不撓，見勝則起，不勝則止，故曰無恐懼，無猶豫。用兵之害，猶豫最大，三軍之災，莫遺狐疑，善者見利不失，遇時不疑，失利後時，反受其殃，故知者從之而不釋，巧者一決而不猶豫，是以疾雷不及掩耳，迅電不及瞑目，赴之若驚，用之若狂，當之者破，近之者亡，孰能禦之。夫將有所不言而守者神也；有所不見而視者明也。故知神明之道者，野無橫敵，對無立國。武王曰：善哉！

恃力以伐人，不若得其所以伐之之道，則不勞而功舉矣。夫用兵之道，不爲事先，動而輒隨，則起兵之資，必因敵家之動，示其不由己起也。交和而舍，莫難於軍，爭兩陣之間，必有變動之機，此變所以生於兩陣也。既有變動之機，則必有制敵之術，奇正者，制之之術也。發於無窮之源，言術出於心不可得而窮也。昔漢之伐齊、伐魏、伐趙，非漢強起兵也，彼不歸漢，故漢得以伐之。信之伐齊也，敗兵一佯，龍且既渡，而後囊沙可決。其伐魏也，臨晉既陣，魏豹謹守，而後木罌可渡。其伐趙也。旗鼓一弃，趙兵悉逐，而伏騎乃可得而入。若是者，皆因其變而用以奇正也。故至事不語，用兵不言。蓋事欲豫定，兵欲神妙。事至而後語，是不能豫謀也；兵用而必言，是不能密機也。故語之則在於未事之前，事至則不語矣。用兵則必斷於方寸之間，豈復多言耶？昔韓信之告漢王，以北擊燕趙，東擊齊，南絕楚之糧道，而西會於滎陽，是皆於未事之前而語之也。及事至則不語矣。木罌之渡，豈言夏陽之不守；背水之陣，豈言死地之是置，此用兵之不言也。事既至矣而後議之，則必出於倉卒，故不足聽也。兵之爲用，千變萬化，臨敵制宜，非有一定之形，故其狀不足見也。惟其無定形，所以倏往忽來，獨專而不爲人所制，乃可以盡其權也。況夫兵事貴密，機事不密則害成，故鬪則議之，見則圖之，知則必有以困之，辨則必有以危之。凡此皆言不密其機，而爲人所制也。光弼度思明之恨不得野戰，乃爲野次以取之。仲達料文懿之必堅壁遼水，乃走襄平以邀之，是皆知其謀則必有以制之也。善戰者不待張軍，此以不戰而服人也。必有以服人之心，故雖不張軍，而可以收戰勝之功。善除患者理於未生，此言用智當在於未奔沈之前，其見機明而慮預者也，故於患之未生而有以除。善勝敵者勝於無形，此言應敵制勝於其易勝之際，必其得算多，而用機密者也，故雖無形而可以勝之。韓信奉尺書以下燕城，此善戰不待張軍也。張良借箸以籌六國之害，此除患於未生也。食其啗秦將而嶢關可入，以勝敵於無形也。故上戰無與戰，此以不戰爲戰也。孫子曰：百戰百勝，非善之善者也。不戰而屈人之兵，善之善者也。此上戰所以無得而與戰也。爭勝於白刃之前非良將，此言無謀而欲以力爭也。上兵伐謀，其次伐兵，戰以求勝，豈良將哉？趙括出銳搏戰，所以敗也。設備於已失之後，非上聖，此言失機而後爲備也。焦頭爛額之功，不如曲突徙薪之謀，失而後脩，豈上聖耶？二憾既往，卻獻予乃使之備，是烏得爲上聖耶？智與衆同非國師，技與衆同非國工，此言謀慮材能必欲出衆也。古有國士，有國手，有國輔；國士者言名擅於一國也，國手者言藝擅於一國也，國輔者言器擅於一國。謂之師國，必其智之於一國，今智與衆同，烏得謂之國師。謂之國工，必其能之出於一國，今能與衆同，烏得謂之國工。太公此言，蓋謂制勝者不與衆知也。孫子曰：戰勝不衆人之所知，非善之善者也。勝出於人所共知，亦豈足以爲大將哉？事莫大於戰必克者，蓋攻不必取，不足以言攻，故以必克爲大。謂之莫大者，以無大於此也；此言用兵欲其決取也。韓信戰必勝，攻必取，得諸此也。用莫大於玄默者，蓋奇正發於無窮之源，守出於不言，視出於不見，玄默之所以爲莫大也；此言用兵出於無形也。張良運籌帷幄，決勝千里，得諸此也。動莫神於不意者，蓋出不意，兵家之妙用也。其進也速，故人不及慮，則其動也豈不爲神耶？司馬懿八日而至孟達城下，此以不意爲神也。謀莫善於不識者，蓋陰其謀密其機，豈欲使人之知也。其機既巧，人不可得而知其謀也，豈不爲善耶？司馬懿伐文懿，文懿阻遼，懿弁遼而向襄平，文懿豈知之耶？此以不識爲善也。先勝者，先見弱於敵而後戰者。蓋將以待敵，必有以誤敵，先見弱者，非本弱也，示以弱也。彼以吾爲弱則必輕進，所以可勝也。鬪伯比請羸師以張隨，孫臏減軍竈以致龐涓，此皆先見以弱也。惟其有以誤而待之，故用力寡而收功多，所以事半而功倍。聖人徵於天地之動，孰知其紀；此言國之盈衰，天地必有變動，惟聖人乃能知之。故徵其變，孰能知其紀極耶？循陰陽之道而從其候者；此言事必有數，循陰陽之道推之，則可以從其候而爲之。當天地盈縮因以爲常；蓋消息盈虛，大數當然，聖人視是以爲常。物有死生，因天地之形；天地之所形，以春夏而舒，以秋冬而慘，物因是而有死生，氣一舒而物生，一慘而物死，此因形也。兵之進止亦猶是也，必見敵之形而後可戰，未見形而戰，是强戰也，雖衆必敗矣。善戰者居之不撓，此又言將能定其心而不爲敵所惑也。惟不爲敵所惑，故其見勝負也明。見可以勝則起，不可以勝則止，非明於所見者乎？巾幗遺而懿不怒，陽遂餌而亮不動，其所處之定否爲可知也。人惟見勝明，故其爲事必決，是以無恐懼無猶豫。恐懼則不敢爲，猶豫則不能斷，二者皆兵之患，惟明於所見者，乃能無之。用兵之害，猶豫爲大，此言用兵者不可以無所斷也。三軍之災，莫過狐疑，此言用兵者不可以有所惑也。猶楚國之獸，一行一退，以其不斷也。狐之爲物，一步一止，此則有所惑也。不斷者其爲害大，故用兵之害，猶豫爲大。傳曰：當斷不斷，反受其亂，其害可知也。若夫疑惑則未甚爲害，故爲三軍之災。法曰：衆疑無定，國疑雖無定，疑去則可定，故特可以爲災，而未若不斷者爲大害也。傳曰：持不斷之志者，開羣枉之門；執狐疑之心者，來讒賊之口。以狐疑對不斷，則猶豫之爲不斷也明矣。惟善於應事者，則見利而動，不至於或失；因時而舉，不至於自疑；失利後時，則無以制人，而反爲人所制，故受其殃。昔吳之伐越，惟不能取之，乃使越王得以圖吳。至於吳王自斃，非失利後時而反受其殃乎？！故智者從之而不釋，巧者一決不猶豫。蓋天下唯智者爲能知之，惟巧者爲能應之。能知之，故從之而不釋；能應之，故一決而不猶豫。昔范蠡之相越圖吳，可資智巧兩盡者矣！自吳王會黃池之後，凡再舉兵以伐之，是能從之也。及姑蘇之役，吳王遣使求赦，范蠡以爲不可，及鼓進兵，非能決之乎？惟其能決意而爲之，是以其兵之速，如震雷迅電，倏然而至，不及掩耳瞑目，言其兵勢之疑不容禦也。赴之若驚，言其出於臨時，若有所驚諤也。用之若狂，言其勢之無常不容測知也。當之者破，近之者亡，言其必可以勝之，而人莫之禦也。夫將有所不言而守者神也。言將能守之以心，故嘿然而靜；雖不言所守，而所守自固，有所不見而視者明也。此言將能視之以心，故眇乎有得，雖不見所視，而視自爾徧。昔者曹之拒袁，令解鞍縱馬，勿復白紹兵之至。其勿白者，將守之以不言也。後世稱曹公之用兵，謂其若神，非不言而守，乃所以爲神乎？李衛公之伐蕭銑，於其始集，知其無備必敗，是未有所見而能視也。後世稱李靖以爲料敵明，非不見而視，乃所以爲明乎？神明之道，至爲難盡，惟知其道乃能無敵。故野無衡敵，對無立國，所當之必敗也，茲非天下之將，亦未易至此。此荀子所以曰：天下之將通神明。

奇兵

武王問太公曰：凡用兵之道，大要如何？太公曰：古之善戰者，非能戰於天上，非能戰於地下，其成與敗皆由神勢，得之者昌，失之者亡。夫兩陣之間，出甲陳兵，縱卒亂行者，所以爲變也；深草蓊翳者，所以遁逃也；谿谷險阻者，所以止車禦騎也；隘塞山林者，所以少擊衆也；坳澤窈冥者，所以匿其形也；清明無隱者，所以戰勇力也；疾如流矢，擊如發機者，所以破精微也；詭伏設奇，遠張誑誘者，所以破軍擒將也；四分五裂者，所以擊員破方也；因其驚駭者，所以一擊十也；因其勞倦暴舍者，所以十擊百也；奇技者，所以越深水渡江河也；強弩長兵者，所以踰水戰也；長關遠候，暴疾謬遁者，所以降威服邑也；鼓行讙囂者，所以行奇謀也；大風甚雨者，所以搏前擒後也；偽稱敵使者，所以絕糧道也；謬號令與敵同服者，所以備走北也；戰必以義者，所以勵衆勝敵也；尊爵重賞者，所以勸用命也；嚴刑罰者，所以進罷怠也；一喜一怒，一與一奪，一文一武，一徐一疾者，所以調和三軍制一臣下也；處高敞者，所以警守也；保險阻者，所以為固也；山林茂穢者，所以默往來也；深溝高壘積糧多者，所以持久也。故曰：不知戰攻之策，不可以語敵；不能分移，不可以語奇；不通治亂，不可以語變。故曰：將不仁則三軍不親，將不勇則三軍不銳，將不智則三軍大疑，將不明則三軍大傾，將不精微則三軍失其機，將不常戒則三軍失其備，將不強力則三軍失其職。故將者人之司命，三軍與之俱治，與之俱亂，得賢將者兵強國昌，不得賢將者兵弱國亡。武王曰：善哉！

兵有本有末，其所以制敵者本也。無以制之，而必欲與之角力，抑亦末耳。武王問太公，以用兵之大要，非欲求其本乎？夫善戰者大抵有妙用，非戰於天之上、地之下也。其成與敗，皆由神勢之得失也。神勢者，妙用也。古之人或以減竈而勝魏，或以增竈而勝羌，或以下馬解鞍而疑虜，或以開門却洒而退敵，白衣搖櫓而可以囚關羽，瓠火渡淮而可以戮康祚，與夫火牛燧象鐵當灰囊，皆昔人之用以為神勢者也。得是則可以昌盛；一或失之，是無以制敵也，豈不危亡。兩陣之間，出甲陳兵，縱卒亂行者，此所以誘敵也，故可以爲變。法有所謂半進者誘也，縱卒亂行是乃示之無統而以誘之也。越以刑人三千進退以誘吳，非所以爲變乎？深草蓊蘙，此言盛草可以遮蔽，故可以遁逃。法有所謂衆草多障者，疑也。惟可以疑人，故可得而遁逃。宇文憲伐柏爲庵以示齊人，齊人翼日乃知其退，非以遁逃乎？溪谷險阻，此深澗隙陷之地也。不利於車騎，故可以止車禦騎。井陘之地，車不得方軌，騎不得成列，此韓信之所以不敢進也。隘塞山林，則其形之險，可以據守，故雖少可以擊衆，此光弼所以傳山陣，而擊思明之數十萬也。坳澤窈冥，此蒹葭蓊薈晦冥而不可見之地，故可以匿形而伏（宋武帝至覆舟山，言此山下必有伏兵，令劉鍾模之，果得伏兵數萬，此則其地之窈冥必可以伏也。淸明無隱者，此言平原曠野之戰，非設伏之所，故淸明可見，而無或隱匿。若是則必以勇力而相角，故以戰勇力爲言。三晉之兵，素號驍勇；蓋以三晉之地古號戰場，淸明無隱之地也。故其民惟知力戰，而以驍勇爲尙。疾如流矢，此言兵之爲勢，必欲其速；天下之至速者莫如流矢，故其疾也，有取於流矢。擊如發機，此言兵之制勝，必欲其中；天下之必中者，惟發機爲然，故其擊也，有取於發機。流矢、發機之用，所以破精微也。精微者，言用兵之妙也；彼雖妙於用兵，而吾有以勝之，故精微爲所破。孫子論善戰者，其勢險其節短，勢如彍弩，節如發機者亦此也。詭伏設奇，遠張誑誘，此無形之兵也，所以誤敵也。有以誤之，則敵必墮其術中，故可以破軍擒將。田單令老弱乘城約降，所以設奇誑誘也，燕師安得不爲所破。四分五裂者，分兵以擊之也。可以擊圓破方，言無陣不破也。鄭公子突爲三覆以禦戎，前後衷之盡殪，非可以擊破之乎?!驚駭則無鬪心，故因其驚駭而擊之則易，故雖一可以擊十。符堅之軍，八千之所破，勞倦暮至馬陵，其勢倦可知也。故以金魏之師，反敗於孫臏之萬弩，其易取可知也。奇技所以越深水渡江河者，此在軍用有所謂飛橋飛江天浮之制，可以渡溝塹大水。而太公於武王拒險之間，亦言以天潢濟三軍，此則奇技之作也。強弩長兵，可以及遠，故可以踰水戰。法曰長兵以禦，又曰弓矢禦，此則強弩長兵之用也。長關遠候者，謹斥候也。暴疾謬遁者，疾至而急退也。若是則可以謹守，可以致敵，故降城服邑者以之。充國嘗以遠斥候待羌，韓信嘗以佯北克齊，此其效也。鼓行讙囂，則鼓噪以奪敵也。其奪之也，必有奇謀。田單令城中鼓噪，老弱擊銅器爲聲，乃所以助火牛之奇謀也。大風甚雨，則天地晦冥之際，敵人必不能相及，故可以搏前而擒後。魏大武因風雨以征赫連，太宗因天雨甚以克突厥，此因風雨以伐人也。僞稱敵使，所以絕糧道，此蓋卒之以不疑，而後可以絕之也。李孚著平冠持問事杖，自稱而公都督，巡歷圍壘，所過呵責。徑入其營，是豈不足以絕其糧道乎？謬號令與敵同服，此蓋欲以雜之而備其走北也。馮異變服，與赤者同服，而終以克之，得之此也。戰必以義者，所以勵衆勝敵也。蓋師出有名，事乃可成，故直者爲壯，曲者爲老。戰必以義，則其名之正，其師之直，宜其衆有所持，而可以勵之以勝敵也。高祖之衆，本不項敵也，及縞素一舉，而項王無死所矣！此義可以勵人也。尊爵重祿，以勸用命者，蓋人必有所慕，而後有所勉。爵尊祿重，以是而誘之，則人必勉於用命矣。嚴刑罰以進罷怠者，蓋人有所畏，而後有所奮，刑罰既嚴，則彼必畏而思奮矣。湯之誓師，則予其大賚汝，予則孥戮汝。武之誓師，則以功多有厚賞，不迪有顯戮爲言，皆所以勸用命而進罷怠也。一喜一怒，一予一奪者，惟喜故予，惟怒故奪，馭下之術，主將之所同，公其情之好惡而用之，則下必歸所馭矣。一文一武，一徐一疾者，文德也，武威也。以德服人者深，然必馴致而後可；以威服人者暫，可得而立見之。惟以馴致，故其效遲而徐；惟可立見，故其效速而疾。威得之用得其宜，則臣下必歸所馭矣！故可以是而調和三軍。制一臣下，使之咸聽于上也。處高敞者，所以警守也，此據得其地則可以堅守。兵法言：凡兵高而惡下，貴陽而賤陰，養用處實，軍無百疾，是則處高敞者，可以警其所守也。保險阻所以爲固，此守得其地，故可保之以爲固。尉繚子謂守者不失險也，是則保險阻者，必可以爲固。山林茂穢，所以默往來；此言草木茂盛，則可以藏形，故可以默往來。孫子言林木蘙穢，爲伏奸之所，以默其往來也可知矣。深溝高壘，則城池之固也。糧積多，則糧食之足也。若是則可以久處，故可以持久。尉子言攻之不能取者，城高池深，財穀多積也，此可以持久也明矣。不知戰攻之策者，不可以語敵；夫人必明禦敵之機，而後可以待敵；不知其機，則何以待人乎？故不可與語敵。宋襄公不知子魚之言，此不知戰攻之策也，烏足與語敵哉？宜其敗於泓也。不能分移，不可與語奇；夫人必明於勢，而後可以用其術，苟一於合聚，而不知分移，是當分不分，反爲縻軍，何奇之有？此苻堅百萬之師，所以一麾而莫止者，以其不能分移也，何足與語奇，宜其敗於淮淝也。不通治亂，不可以語變；蓋人惟明於數，而後可以盡權變之道，苟一於正，而不知以治爲亂，則亦何足與言權變之道。吳人屬目於越，將不仁則三軍不親，自此以下，言將任之至重而其材之難盡也。法曰：仁見親，不仁則無以感人之心，其何以使之親乎？將不勇則三軍不銳，法曰：勇見方，不勇則人無所視效，故軍不銳。將不智則三軍大疑，將不明則三軍傾，法曰：有所不見而親者明也，則可以見於未然。將而不明，則昧於事機，所以三軍傾危也。將不精微則三軍失其機，法曰：密其機，欲密其機，不可不極其妙；將不能極乎精微之理，則何以能密其機。將不常戒則三軍失其備，法曰：先戒爲實，能戒則知謹所備；將不常戒則三軍必無備，故失其備。將不強力，則三軍失其職，法曰：勤勞之師，將必先己，將能強力則能以身先人，而三軍亦各盡其職，苟不強力則人必怠矣，得無失職乎？將之所任若是其重，而其材必不可不備也。蓋將者人之司命；謂之司命者，以人之死生係於將也。將之用兵而當則民生，不當則民死，故爲人之司命。惟爲司命，故三軍之治亂，亦與之俱。蓋統軍者將也，得人則治，非人則亂，豈不與之俱乎？賢與不賢在於將，而安危强弱及於軍國。將而賢則可以昌其國强其兵，苟爲不賢則兵弱國亡矣。吳起守西河，秦兵不敢東向；李牧守雁門，匈奴不敢犯近邊，此得賢將則兵强國昌也。趙括用而趙軍坑，騎刼用而燕師敗，此不賢則兵弱國亡也。大抵兵不可以無將，將莫先於得人，法曰：得士者昌，又曰輔周則國必强，亦此意也。

五音

武王問太公曰：律音之聲，可以知三軍之消息勝負之決乎？太公曰：深哉！王之問也。夫律管十二，其要有五音，宮商角徵羽，此其正聲也，萬代不易。五行、神道之常也，可以知敵。金木水火土，各以其勝攻之。古者三皇之世，虛無之情以制剛強，無有文字，皆由五行；五行之道，天地自然。六甲之分，微妙之神，其法以天清淨無陰雲風雨夜半，遣輕騎往至敵人之壘，去九百步外，偏持律管當耳大呼驚之，有聲應管，其來甚微。角聲應管，當以白虎；徵聲應管，當以玄武；商聲應管，當以朱雀；羽聲應管，當以勾陳；五管聲盡不應者宮也，當以青龍。此五行之符，佐勝之徵，成敗之機。武王曰：善哉！太公曰：微妙之音，皆有外候。武王曰：何以知之？太公曰：敵人驚動，則聽之聞抱鼓之音者角也，見火光者徵也，聞金鐵矛戟之音者商也，聞人嘯呼之音者羽也，寂寞無聞者宮也，此五者聲色之符也。

接周禮大師之職，大師執律以聽軍聲，大司馬之職，若師有功則左執律，右秉鉞，以先凱樂獻于社，是則律音之用，古人之所先也。晉伐楚，師曠以一歌之間，而知其勝負之所在，觀其言曰：吾驟歌南風，又歌北風，南風不競多死聲，是則律管之用，必有其效也。三軍之勝負，律音之聲，必可以知之，宜武王以是爲問也。然律音之用，其事爲甚妙，其事旣妙，則以是爲問者，其意豈不深乎？太公因其問之所及，而求其意之所存，故以深哉爲辭，夫律管十二，陽管六陰管六也。黃鐘太蔟姑洗蕤賓夷則無射，此陽六律也。大呂應鐘、南呂林鐘、中呂夾鐘，此陰六律也。律管雖十有二，其音不過乎五；五者宮商角徵羽也。五聲屬乎五方，而十二管分配四時，故不過乎是五者也。此正聲也，萬代不易。言時世雖變，而此音常存，故萬代不易。五行、神道之常也，可以知敵，金木水火土，此五行之神也，而五音實配焉。角音木，商音金，羽音水，徵音火，宮音土，即是五行則可以知敵。何以知之？即管聲之應而知之也。旣知之必有以制之，其制之道，亦不外是也。金木水火土，必有相尅之義，而吾之制敵，則因所以勝之者而用之。金尅木，木尅土，土尅水，水尅火，火尅金，此五行之相勝也。而吾之制敵，亦以是用之，是法之用非後世也。上古三皇之世嘗用之矣。虛無之情，以制剛强，言其事無可據，故其情虛無。即是情而可以制人，故敵雖剛强，有不能自恃者矣。其爲用也非迹可拘，故無有文字，然大概本之五行。即五行而推之，此巧歷之所心計也，何文字之有。五行之道，天地自然，此天地之常道；不過是五者也。自開闢以來，是道已明，由是自然之道，則可以知敵矣！若夫盡所以制之之術，則必極其變焉。六甲之分，微妙之神，此其變也。以五行而分爲六甲，乃可以制之。其事爲甚妙，故謂之微妙之神，占軍之勝負者，必本諸此。其爲法，以天清淨無陰雲風雨之夜，遣輕騎往近敵壘九百步外，持管當耳大呼以驚震之，必有聲應管，其來甚微妙，因是聲而推之，則可以知而制之矣。角聲、木聲也，角聲應管，略以白虎之軍；白虎、金也，金可以尅木也。徵音、火聲也，徵聲應管當以元武之軍；元武、水也，水可以尅火也。商音應管，商、金聲也，當以朱雀之軍；朱雀、火也，火可以尅金也。羽音應管，羽、水聲也，當以勾陳；勾陳、土也，土可以尅水也。五管聲絕而莫之應，是為宮聲。宮、土音也，故靜應宮以青龍；青龍、木也，木可以尅土也。此五行之符，可以為佐勝之徵，成敗之機，亦可即是而知，是固可以制之也。然其事微妙，若何而知之？太公復言其所以為外候者，蓋是音雖微妙，而有聲色之符，可以為外候。外候為顯，五音為隱，即其顯可以知其隱。然是候亦何以知之？即夫敵人驚動之際，可得而知之。角、木也，故聞桴鼓之音，則知其為角之外候。徵、火也，故見火光，則知其為徵之外候。商、金也，故聞金鐵矛戟之音則為商。羽、水也，言語之所屬，故聞嘯呼之聲則為羽。至於宮居中央，靜而不動，故寂寞無音之可聞，是為宮也。凡此五者，皆聲色之符驗，可以為外候之證，言即是可以知其音之所應，故云外候。向非神明之將，亦未易推其而制敵也。

兵徵

武王問太公曰：吾欲未戰先知敵人之強弱，豫見勝負之徵，為之奈何？太公曰：勝負之徵，精神先見，明將察之，其效在人，謹候敵人出入進退，察其動靜言語妖祥士卒所告。凡三軍悅懌，士卒畏法，敬其將命，相喜以破敵，相陳以勇猛，相賢以威武，此強徵也。三軍數驚，士卒不齊，相恐以敵強，相語以不利，耳目相屬，妖言不止，衆口相惑，不畏法令，不重其將，此弱徵也。三軍齊整，陣勢已固，深溝高壘，又有大風甚雨之利，三軍無故，旌旗前指，金鐸之聲揚以清，鼙鼓之聲宛以鳴，此得神明之助，大勝之徵也。行陣不，固旌旗亂而相繞，逆大風甚雨之利，士卒恐懼，氣絕而不屬，戎馬驚奔，兵車折軸，金鐸之聲下以濁，鼙鼓之聲濕如沐，此大敗之徵也。凡攻城圍邑，城之氣色如死灰，城可屠；城之氣出而北，城可克；城之氣出而西，城必降；城之氣出而南，城不可拔；城之氣出而東，城不可攻；城之氣出而復入，城主逃北；城之氣出而覆我軍之上，軍必病；城之氣出高而無所止，用兵長久。凡攻城圍邑，過旬不雷不雨，必亟去之，城必有大輔。此所以知可攻而攻，不可攻而止。武王曰：善哉！

吳子嘗論：有不卜而與之戰，有不占而避之者，是則敵之強弱，勝負之證，不可不知也。然何以知之？夫勝負之徵，精神先見，此其證也。明將能因是而察之，則可以知其勝負矣。其證候求之於人而可知，曷為効之在人，自謹候敵人出入以下皆其候也。秦使者目動而言肆，史餅知其必退；晉師聽而無上，伍參知其必敗；建德度險而囂，太宗知其可破；周摯方陣而囂，光弼知其可擊。若夫門士倍我，則韓簡不敢敵；秦政成事時，則士會必欲避楚。察敵人之出入進退動靜言語妖祥與士卒之所告，則其強弱勝負，可以知矣。三軍悅懌，則其氣舒；士卒畏法，則其令嚴；敬其將命，則其權重；相喜以破敵，則有必戰之心；相陳以勇猛，則有敢戰之心；相賢以威武，則有不伐之心。夫如是則勢不可敵，故知其為強證。若夫三軍數驚，則人心不足，士卒不齊，則人不從令，相恐以敵強，相語以不利，則人有畏心矣。耳目相屬，妖言不止，衆口相惑，則人心不一矣。不畏法令，不重其將，則人無所統矣。若是者非弱而何？至於三軍齊整，陣勢之固，此則人和也。深溝高壘，此則地利也。又有大風甚雨之利，此則天時也。加以三軍無故，而旌旗前指，則有必勝之兆。金鼓之音，淸揚宛鳴，則有整治之象。若是者非人力所至，必得神明之助，是爲大勝之證。若夫行陣不固，旌旗繞亂，逆風雨之利，惑士卒之心，氣絕而不屬，此則失天人之助也。戎馬驚奔，兵車折軸，此則兵器失其利也。金鐸之聲下以濁，鼙鼓之聲濕以沐，則其氣不振也，故知其爲大敗之證。凡此四證，雖可以察敵，而於占氣之法，亦有所不可廢。按太白陰經城壘雲氣占篇，有白氣覆地者不可攻，有黑氣如星者急解圍，黃雲臨城則有大慶，靑雲南北出不可攻，攻城過旬不拔遇雷雨者，其城有輔，疾去勿攻。蓋占氣之法，有可攻有不可攻，必審察而後舉。色如死灰，氣出而西北，出而復入，出而覆我軍，高而無所止，皆所可攻。若出而東南，爲有氣，故不可攻拔。凡攻城圍邑，過旬之久，不雷不雨，是無變也；此必有大輔，宜亟去之。若是者有可有不可存乎其間，故知之而後可以進止也。

農器

武王問太公曰：天下安定，國家無事，戰攻之具，可無修乎？守禦之備，可無設乎？太公曰：戰攻守禦之具，盡在於人事。耒耜者，其行馬蒺藜也；馬牛車輿者，其營壘蔽櫓也；鋤耰之具，其矛戟也；蓑薛簦笠者，其甲冑干櫓也；钁鍤斧鋸杵臼，其攻城器也；牛馬，所以轉輸糧用也；雞犬，其伺候也；婦人織紝，其旌旗也；丈夫平壤，其攻城也；春鏺草棘，其戰車騎也；夏耨田疇，其戰步兵也；秋刈禾薪，其糧食儲備也；冬實倉廩，其堅守也；田里相伍，其約束符信也；里有吏官有長，其將帥也；里有周垣不得相過，其隊分也；輸粟收芻，其廩庫也；春秋治城郭修溝渠，其塹壘也。故用兵之具，盡在人事也。善為國者取於人事，故必使遂其六畜，闢其田野安其處所，丈夫治田有畝數，婦人織紝有尺度，是富國强兵之道也。武王曰：善哉！

國雖大好戰必亡，天下雖安忘戰必危，宋向戌欲弭兵，君子以為不可；唐蕭俛議銷兵，河北終以不復。當天下無事之際，戰攻之具，守禦之備，其可廢乎？兵不可廢，又不可好，然則如之何而可？有一於此，不好不忘，而可以寓其事者，取之人事足矣。古者井田法行，兵農一致；當其無事而居也，則以五家為比，五比為閭，四閭為族，五族為黨，五黨為州，五州為鄉。及其有用而戰也，則以五人為伍，五伍為兩，四兩為卒，五卒為師，五師為軍。其編之卒伍軍旅者，卽此閭族黨之民也。其在遂也，則為鄰里酇鄙縣遂之民。故遂人則簡其兵器教之稼穡，遂師則登其車輦巡其稼穡，遂大夫則稽其功事，移其執事，此則寓兵於農之法也。井田之制，太公實營之，故以戰攻守禦之具，取必於人事。耒耜之用，則兵家之行馬蒺藜也；馬牛車輿，則兵家之營壘蔽櫓也；鋤耰之具，則矛戟之類也；簑薛簦笠，則甲冑干櫓之類也；攻城之具，卽钁鍤斧鋸而可知。以至雞犬則伺候之意，織紝則旌旗之制，平壤亦如攻城，钁草亦無戰車騎，耨田疇則如戰步，刈禾薪則如積糧食，實倉廩則如堅守，伍田里則如行約束，吏官長其所屬猶將帥也。垣里相限，其所分猶隊分也。輸粟取芻則廩庫之屬，城郭溝渠則塹壘之事，凡此皆卽人事之所用，而可以備用兵之具。故用兵之具，盡在於人事。善為國者取於人事，以其本在是也。不必家藏戈戟日習行陣，而後可以為其事也。故古者不急於軍旅，而惟人事之是修。遂六畜闢田，野安處所，丈夫耕桑，婦人蠶織，以是而為兵農之法，富强之術，殆不是過，何必他求哉？玆蓋萬乘農戰，而天下無敵，富强之術，宜自是生也。

虎韜

軍用

武王問太公曰：王者舉兵，三軍器用，攻守之具，科品衆寡豈有法乎？太公曰：大哉！王之問也。夫攻守之具，各有科品，此兵之大威也。武王曰：願聞之。太公曰：凡用兵之大數，將甲士萬人法，用武衝大扶胥三十六乘，材士強弩矛戟爲翼，一車二十四人，推之以八尺車輪，車上立旗鼓，兵法謂之震駭。陷堅陣敗强敵，武翼大櫓矛戟扶胥七十二具，材士强弩矛戟爲翼，以五尺車輪，絞車弩自副。陷堅陣敗強敵，提翼小櫓扶胥一百四十具，絞車連弩自副。以廘車輪陷堅陣敗強敵，大黃參連弩大扶胥三十六乘，材士，弩矛戟爲翼，飛鳧電影自副。飛鳧赤莖白羽，以銅爲首；電影靑莖赤羽，以鐵爲首；晝則以絳縞長六尺、廣六寸爲光耀，夜則以白縞長長六尺廣六寸爲流星。陷堅陣、敗步騎，大扶胥衝車三十六乘，螳螂武士共載，可以縱擊橫，可以敗敵輜車騎寇，一名電車，兵法謂之電擊。陷堅陣敗步騎寇夜來前，矛戟扶胥輕車一百六十乘，螳螂武士三人共載，兵法謂之霆擊。陷堅陣敗步騎，方首鐵棓維肦重十二斤，柄長五尺以上，千二百枚，一名天棓，大柯斧刃長八寸、重八斤，柄長五尺以上，千二百枚，一名天鉞。方首鐵鎚重八斤，柄長五尺以上，千二百枚，一名天鎚。敗步騎羣寇，飛鉤長八寸，鉤芒長四寸，柄長六尺以上，千二百枚，以投其衆。三軍拒守，木螳蜋鈒刃扶胥廣二丈，百二十具，一名行馬。平易地以步兵敗車騎，木蒺藜去地二尺五寸，百二十具。敗步騎要窮寇遮走北，軸旋短衝矛戟扶胥百二十具，黃帝所以敗蚩尤氏。敗步騎要窮寇遮走北，狹路微徑張鐵蒺藜，芒高四寸廣八寸長六尺以上，千二百具。敗步騎突瞑來前促戰白刃接，張地羅鋪兩鏃蒺藜參連織女，芒間相去二寸，萬二千具，曠野草中，方胷鋋矛千二百具。張鋋矛法高一尺五寸。敗步騎要窮寇遮走北，狹路微徑地陷，鐵械鎖參連百二十具。敗步騎要窮寇遮走北，壘門拒守，矛戟小櫓十具，絞車連弩自副。三軍拒守，天羅虎落鎖連一部，廣一丈五尺，高八尺，五百二十具。虎落鈒刃扶胥廣一丈五尺高八尺，五百二十具。渡溝塹，飛橋一間廣一丈五尺長二丈以上，著轉關轆轤八具，以環利通索張之。渡大水，飛江廣一丈五尺，長二丈以上八具，以環利通索張之。天浮鐵螳螂，矩內圓外，徑四尺以上，環絡自副，三十二具，以天浮張飛江，濟大海謂之天潢，一名天舡。山林野居，結虎落柴營，環利鐵鎖長二丈以上，千二百枚；環利大通索大四寸長四丈以上，六百枚；環利中通索大二寸長四丈以上，二百枚；環利小微縲長二丈以上，萬二千枚。天雨蓋重車上板結枲，鉏鋙廣四尺長四丈以上車一具，以鐵杙張之。伐木天斧重八斤柄長三尺以上，三百枚。棨钁刃廣六寸柄長五尺以上，三百枚。銅築固爲垂長五尺以上，三百枚。鷹爪方胷鐵杷柄長七尺以上，三百枚。方胷鐵叉柄長七尺以上，三百枚。方胷兩枝鐵叉柄長七尺以上，三百枚。艾草木大鎌柄長七尺以上，三百枚。大櫓刃重八斤柄長六尺，三百枚。委環鐵杙長三尺以上，三百枚。椓杙大鎚道五斤柄長二尺以上，百二十具。甲士萬人，強弩六千，戟櫓二千，矛楯二千，修治攻具，砥礪兵器，巧手三百人，此舉兵軍用之大數也。武王曰：允哉！

取用於國，欲其便於用也。成周之際，有車人以爲車，有廬人以爲廬器，蓋以攻守異器，車輪異制，不得不爲之辨也。成周太平之際，猶不忘武備。況周家肇造之初，武王得不以攻守之具爲問乎？科品衆寡必有其法，科品者其所制之度也；衆寡者其所用之數也。器之所制，其長短大小必有度，而其所用，則視乎其人而以爲之數。是器也，其爲用也大，則以是而爲者，其意亦大也。太公以是而爲大哉之問，蓋以其所資者大，故其所問者大也。其爲具也各有科品，如所謂武衝大扶胥，如所謂絞車衝車電車輕車，此則車之科品也。如所謂强弩，如所謂大黃參連弩，此則弩之科品也。如所謂螳蜋鋤刃扶胥，如所謂虎落斂刃扶胥，此則行馬之科品也。科品既明，器用自便，夫如是則可以張兵之威，所以謂之兵之大威也。蓋器惟足於用，則勢亦資以奮，此兵之大威，所以在於器用也。其爲用兵之大數，則以萬人爲率。其爲器用各有其數；器非妄制也，名各有所取。曰震駭者，取其威之可以震動而驚駭人也。曰電擊者，以其可以駭之也。曰霆擊者，以其可以震之也。其名各有所取也。器非妄用也，各有所宜也。或可以陷堅陣，或可以敗强敵，或可以敗步騎，或可以要窮寇庶走北，皆其所宜也。以至於昔人之所已用者，則見於黃帝之敗蚩尤。溝塹之所可渡者，則見於飛橋天潢之制。大則有車，次則有弩，又次則有矛戟楯櫓柯斧，微而至於杷鎌杙鎚。凡人之所資以爲用者，莫不悉具。而其所以爲用，則因乎其人之數。萬人所用，强弩六千，戟櫓二千，矛楯二千，通而計之，通足以充萬人之數。然是器也欲其常新，則不可不加人工焉。欲其全備，則必修治之使無或壞。欲其精利，則必砥礪之使無或弊。是必得巧手三百人，然後可以善其事。舉兵之大數，以此爲率，故太公指是以爲大數。武王既聞其科品之利與其衆寡之數，豈不以是爲當。故曰：允哉！允者、當也；言其所言之當也。

三陣

武王問太公曰：凡用兵爲天陣、地陣、人陣奈何？太公曰：日月星辰斗杓，一左一右，一向一背，此謂天陣；丘陵水泉，亦有前後左右之利，此謂地陣；用車、用馬、用文、用武，此謂人陣。武王曰：善哉！

陣制不一，有八陣，有五陣，又有三陣。天地風雲龍虎鳥蛇，此八陣之制也。方圓曲直銳，此五陣之制也。而三陣之說又異，與天地人是爲三陣。天陣果何取耶，陰陽向背也；地陣果何取耶？土地之利也。至於人陣，則人與器用耳。太公指日月星辰斗杓、左右、向背以爲天陣，此則取之天時也明矣。以丘陵水泉、前後左右之利爲地陣，此則取之地利也明矣。車馬文武是爲人陣，非人與器用耶。在張昭兵法，論三陣之說謂，凡用兵有三陣。善用兵者，備詳三者形勢，然後可用兵。陰陽時日風雲星氣天陣也；山川險易丘陵水泉地陣也；將帥士卒器械人陣也。此三者將兵之急務。觀此，則太公之三陣可知矣。不惟是也，唐人員干亦常論半是三陣矣。

疾戰

武王問太公曰：敵人圍我，斷我前後，絕我糧道，爲之奈何？太公曰：此天下之困兵也；

暴用之則勝，徐用之則敗。如此者爲四武鋒陣，以武車驍騎，驚亂其軍而疾擊之，可以橫行。武王曰：若已出圍地欲因以爲勝，爲之奈何？太公曰：左軍疾左，右軍疾右，無與敵人爭道。中軍迭前迭後，敵人雖衆，其將可走。

孫子曰：兵之情圍則禦，不得已則鬬。又曰：疾戰則存，不疾戰則亡，爲死地，是則危亡之地，宜在疾戰。武王之所問，前後斷，糧道絕，此則死地不得已之時也。宜太公以爲天下之困兵，必以暴用之則可以勝，不暴而徐則人心恐矣！故敗。如此之兵，必爲四武衝陣，以武車驍騎，亂其軍而疾擊之，使之莫知所以禦之者，而後可以橫行。武王又謂：若已出圍，必求所以勝之。太公乃使之左右各疾，而敵戰無與敵人爭道，而中軍則迭前迭後，以舒其力而更出，夫如是故可以走其將。疾戰之法，嘗於段紀明得之；昔高平之役，虜兵甚盛，段紀明令軍中，張鏃利刃長矛三重，挾以強弩，副輕騎爲左右翼。且激之曰：今去家數千里，進則事成，走必盡死，衆皆騰赴。紀明馳突而擊之，其虜衆天潰，茲不無得於太公疾戰之法也。

必出

武王問太公曰：引兵深入諸侯之地，敵人四合而圍我，斷我歸道，絕我糧食，敵人既衆，糧食甚多，險阻又固，我欲必出，爲之奈何？太公曰：必出之道，器械爲寶，勇鬬爲首。審知敵人空虛之地，無人之處，可以必出。將士人持玄旗、操器械、設銜枚，夜出勇力飛足冒將之士居前，平壘爲軍開道，材士強弩爲伏兵居後，弱卒車騎居中。陣畢徐行，愼無驚駭，以武衝扶胥前後拒守，武翼大櫓以備左右。敵人若驚，勇敢冒將之士，疾擊其前，弱卒車騎，屬其後，材士强弩，隱伏而處，審候敵人追我，伏兵疾擊其後。多其火鼓，若從地出，若從天下，三軍勇鬪，莫我能禦。

孫子曰：圍地則謀，又曰：圍則禦。是則為敵所圍，歸路既斷，糧食既絕，而敵之糧食甚多，險阻又固，不可求所以為必出之道乎？必出之道，在器與氣耳。器械者人之所資以為用，勇鬪者氣之所資以振，器械為寶，則器為可重也。勇鬪為首，則勇為可先也。昔李廣為右賢王所圍，廣乃命士持滿，而身自以大黃射其裨將，此則欲出者，必以器械為寶也。吳漢為謝豐所圍，乃厲諸將使人自為戰，以立大功，此則欲出者，必以勇鬪為首也。其出也必審知敵人空虛之地，無人之處，因其不備而出之。昔高祖為項王所圍，得紀信詐降而高皇乃間走，此則乘空虛無人之地也。其出將士持玄旗，欲夜則無所辨也。操器械所以為援也。設銜枚欲其無聲也。然必以夜而出，慮其知之也。勇力飛走冒將之士居前，此皆勇鬪之士也。使之平壘為軍開道，後則以材士强弩為伏，弱卒車騎則居中，以其不便於用也。既陣畢乃徐行而出，無得驚駭，然必以武衝扶胥前後拒守，武翼大櫓左右以備，此則資器械以為用也。敵人若驚而覺之，不過使勇士前戰，弱卒居後，而伏兵則視利而動，彼追則疾擊其後。又且多其火鼓，蓋夜戰則欲火鼓之多，所以變人之耳目也。吾謀既定，吾戰既疾，則若從地出，若從天下，彼安禦我哉？！

武王曰：前有大水廣塹深坑，我欲踰渡，無舟檝之備；敵人屯壘，限我軍前，塞我歸道，斥候常戒，險塞盡守，車騎要我前，勇士擊我後，為之奈何？太公曰：大水廣塹深坑，敵人所不守，或能守之，其卒必寡。若此者，以飛江轉關與天潢以濟吾軍。勇力材士，從我所指，衝敵絕陣，皆致其死。先燔吾輜重，燒吾糧食，明告吏士，勇鬪則生，不勇則死。已出者令我踵軍設雲火遠候，必依草木丘墓險阻。敵人車騎，必不敢遠追長驅，因以火為記，先出者令至火而止，為四武衝陣。如此則吾三軍皆精銳勇鬪，莫我能止。武王曰：善哉！

其慮患深者，其為謀必悉。武王既慮為敵所圍以求必出，又慮坑塹大水無舟可渡，前則為敵所限，歸則其道已塞，斥候嚴險阻守，車騎邀其前，勇士擊其後，其勢亦已危矣！必求所以為之之道。夫絕險者必求越險，絕險而不求所以越之，是坐而待斃於敵也。其在軍用有飛橋飛江天浮天潢。飛橋所以渡溝塹；飛江可以濟大海，行軍之際，茲用已先具，則遇大水廣塹深坑，必以飛江轉關天潢而濟。況若是之地，敵所不守，縱守之其人必寡，故可得而渡。昔楚之侵隨，除道梁溠，蓋得此法也。勇力材士，從我所指，衝敵絕陣，皆致其死，蓋惟死戰則可以免也。欲人之致死，則必示之以必死，故燔輜重分糧食，告之以勇鬪則生，不勇則死，是示之以必死戰也。昔鎮惡之至渭橋也，棄船登岸，諸艦悉逐流去，鎮惡撫士卒曰：去家萬里，舫乘衣糧，茲已逐流，唯官死戰可立大功，誠有得於此也。踵軍則居前，而已出者令踵軍設雲火遠候，依草木丘墓險阻以為援。敵人車騎不敢遠追長驅，懼吾之襲其後也。而吾則以後至者并力以戰。又為四武衝陣，以為禦敵之備。其備既嚴，宜三軍皆精銳勇鬪，而莫我能止矣。此武王之所以稱善。

軍略鬪

武王問太公曰：引兵深入諸侯之地，遇深谿大谷險阻之水，吾三軍未得畢濟，而天暴雨，流水大至，後不得屬於前，無有舟梁之備，又無水草之資，吾欲畢濟使三軍不稽留，為之奈何？太公曰：凡帥師將衆，慮不先設，器械不備，教不素信，士卒不習，若此不可以為王者之兵也。凡三軍有大事，莫不習用器械。攻城圍邑，則有轒轀臨衝；視城中則有雲梯飛樓；三軍行止，則有武衝大櫓，前後拒守；絕道遮街，則有材士強弩，衛其兩旁；設營壘，則有天羅武落行馬蒺藜；晝則登雲梯遠望，立五色旌旗；夜則設雲火萬炬，擊雷鼓，振鼙鐸，吹鳴笳；越塹，塹則有飛橋轉關轆轤鉏鋙；濟大水，則有天潢飛江；逆波上流，則浮海絕江。三軍用備，主將何憂！

用智於未弃沉之前，事至而後求所以脫之，不已晚乎？武王所以每事必問，蓋慮其事之或至此也。深谿大谷險阻之水，在地不能免，然舟梁未設，三軍未濟，水草無有，得無稽留乎？此武王所以問也。而太公則以豫備之說告之。在法有曰：人習陣利極物以豫，是謂有善，慮欲其先設，器欲其先備，此則極物以豫也。教欲素信，士卒欲習，此則人習陣利也。王者之兵，必先乎是。凡三軍大事，此正用兵之際也。莫不習用器械，欲其人便於器也。其為器也，不一而足。攻城圍邑則有轒轀臨衝之車，皆攻城之具也。孫子曰：修櫓轒轀，則是器也攻城之具也，視城中則有雲梯飛樓，皆望敵之具也。孫子有備器械之說，楚子有登巢車之舉，則是器也視城之具也。三軍行止，則有武衝大櫓，前後拒守。在分險法，則以武衝為前，大櫓為衛；在必出法，則以武衝拒前後，大櫓備左右；此則為行止之用也明矣。絕道遮街，則有材士強弩，衛其兩旁。在敵武之法，則選材士強弩，伏於左右；在戰步之法，則以材士强弩，備其左右；此則為蔽衛也明矣。設營壘則有天羅武落打馬蒺藜。在戰步之法，或均置蒺藜，或操行馬進退闌車以為壘；此則設營壘之具也。晝則登雲梯遠望，所以視城中也。立五色旌旗，所以變敵人之目也。夜則設雲火萬炬，擊雷鼓，振鼙鐸，吹鳴笳，所以變其耳目也。孫子曰：晝戰多旌旗，夜戰多火鼓，所以變人之耳目也。太公所言，亦孫子意也。以至飛橋轉關轆轤鉏鋙天潢飛江浮海絕江，此皆渡水之具也；其在軍用。有飛橋轉關轆轤飛江天浮天潢之制，皆其用也。三軍用備，則緩急有所資，故主將無憂。

臨境

武王問太公曰：吾與敵人臨境相拒，彼可以來，我可以往，陣皆堅固，莫敢先舉，我欲往而襲之，彼亦可來，為之奈何？太公曰：分兵三處，令我前軍深溝增壘而無出，列旌旗，擊鼙鼓，完為守備；令我後軍多積糧食，無使敵人知我意，發我銳士，潛襲其中，擊其不意，攻其無備，敵人不知我情，則止不來矣。武王曰：敵人知我之情，通我之謀，動而得我事，其銳士伏於深草，要我隘路，擊我便處，為之奈何？太公曰：令我前軍日出挑戰以勞其意，令我老弱曳柴揚塵，鼓呼而往來，或出其左，或出其右，去敵無過百步，其將必勞，其卒必駭。如此則敵人不敢來，吾往者不止，或擊其內，或擊其外，三軍疾戰，敵人必敗。

孫子曰：我可以往，彼可以來曰通。是則與敵臨境，彼此可以往來之地，是乃通地也。兩陣皆固，未敢先舉，我欲往而襲之，而又慮彼以來，此武王所以憂也。而太公先告以自治之策，後告以攻襲之法，分兵一處，以三軍各分三處也。分前軍深溝增壘無出，列旌旗之鼙鼓，以為守備；又令後軍多積糧食不與之敵，此自治之策也。昔高祖塞成皋之險，取敖倉之粟，而堅壁滎陽，所以為守備也。若夫發銳士以襲其中，擊其不意，攻其無備，是又襲攻之法也。孫子有所謂攻其不備，出其不意，亦此意也。夫以力而角人，不若計謀伐人，事有所當慮，敵不之意則可襲矣；或有所當修，敵不之備則可攻矣。既擊其不意，攻其無備，則敵安得而知之。故敵不知我情，則止不來矣。武王又慮大敵或之知而有潛伏要擊之舉，太公則告以挑戰以勞之，揚塵以示之，鼓噪以從之，所以撓而誤之也。況又出其左右，近而襲之，其將必勞，其卒必駭。如此，敵不敢來，吾可以往，敵人內外受敵，其敗也必矣。

動靜

武王問太公曰：引兵深入諸侯之地，與敵之軍相當，兩陣相望，衆寡強弱相等，未敢先舉，吾欲令敵人將帥恐懼，士卒心傷，行陣不固，後陣欲走，前陣數顧，鼓噪而乘之，敵人遂走，為之奈何？太公曰：如此者發我兵，去寇十里而伏其兩旁，車騎百里而越其前後，多其旌旗，益其金鼓，戰合鼓噪而俱起，敵將必恐，其軍驚駭，衆寡不相救，貴賤不相待，敵人必敗。武王曰：敵之地勢，不可以伏其兩旁，車騎又無以越其前後，敵知我慮，先施其備，我士卒心傷，將帥恐懼，戰則不勝，為之奈何？太公曰：微哉！王之問也。如此者先戰五日發我遠候，往視其動靜，審候其來，設伏而待之，必於死地與敵相避，遠我旌旗，踈我行陣，必奔其前，與敵相當，戰合而走，擊金而止，三里而還，伏兵乃起，或陷其兩旁，或擊其前後，三軍疾戰，敵人必走。武王曰：善哉！

金鼓

武王問太公曰：引兵深入諸侯之地，與敵相當，而天大寒甚暑，日夜霖雨，旬日不止，溝壘悉壞，隘塞不守，斥候懈怠，士卒不戒，敵人夜來，三軍無備，上下惑亂，爲之奈何？太公曰：凡三軍以戒爲固，以怠爲敗，令我壘上，誰何不絕，人執旌旗，外內相望，以號相命，勿令乏音而皆外向，三千人爲一屯，誡而約之，各愼其處，敵人若來視我軍之警戒，至而必還，力盡氣怠，發我銳士，隨而擊之。武王曰：敵人知我隨之，而伏其銳士，佯北不止，遇伏而還，或擊我前，或擊我後，或薄我壘，吾三軍大恐，擾亂失次，離其處所，爲之奈何？太公曰：分爲三隊，隨而追之，勿越其伏，三隊俱至，或擊其前後，或陷其兩旁，明號審令，疾擊而前，敵人必敗。

用兵之道，上欲得其時，下欲得其中，中欲謹其守，以天時言之，則寒暑不宜，霖雨過節，非其時也；以地利言之，溝壘不固，隘塞不守，失其利矣；以人事言之，斥候懈怠，士卒不戒，三軍無備，上下惑亂，則守備不嚴矣。三者俱失而無一得，武王安得不以是而爲憂。然用兵之道，以戒爲寶；吳子之對武侯，嘗謂先戒爲寶。而於將之五謹，其四亦曰戒。蕭銑恃秋潦，所以見敗於李靖；賀魯惟恃深雪，所以見擒於定方；彼惟不戒而怠，所以敗也。若夫知所戒，則敵不得而乘之。故令壘上誰何，以號相命，皆所以爲戒也。況又加以誡約各致其謹，敵人雖至，見其不可襲則必還矣。還則力必盡，氣必怠，故可發銳士隨而擊之，所以乘其怠也。然武王又慮夫敵知其計，而反蹈其伏，三軍爲之擾亂。太公則以分兵之說告之；吾兵既分，則彼心不可得而皆備之，故分追之際，不可越其伏地，而進擊之際，三隊必欲俱至，前後兩旁合而攻之，明號審令，使不紛亂，若是則可以勝之矣。昔吳起以擊強告武侯，亦謂分爲五軍。五軍交至，必有其利，誠以多方以制之，故可以勝之。

絕道

武王問太公曰：引兵深入諸侯之地，與敵相守，敵人絕我糧道，又越我前後，吾欲戰則不可勝，欲守則不可久，爲之奈何？太公曰：凡深入敵人之地，必察地之形勢，務求地利，依山林險阻水泉林木而爲之固，謹守關梁，又知城邑丘墓地形之利，如是則我軍堅固，敵人不能絕我糧道，又不能越我前後。武王曰：吾三軍過大陵廣澤平易之地，吾候望誤失，卒與敵人相薄，以戰則不勝，以守則不固，敵人翼我兩旁，越我前後，三軍大恐，爲之奈何？太公曰：凡帥師之法，當先發遠候，去敵二百里，審知敵人所在，地勢不利，則以武衝爲壘而前，又置兩踵軍於後，遠者百里，近是五十里，即其警急，前後相救，吾三軍常完堅，必無毀傷。武王曰：善哉！

兵貴爲主，不貴爲客，爲客之道，必先掠於饒野。以爲足食之道，今引兵深入，與敵相守，而糧道乃爲所絕，前後乃爲所越，戰守俱有不便，武王得不思所以爲之之道。此在法有曰：不知山林險阻沮澤之形者，不能行軍，不用鄉導者不能得地利，知地之形而得其利，則可以欲山林險阻水泉林木而爲之固，可以知城邑丘墓地利之所在，關梁可以謹守，我軍可以堅固，彼又安能絕吾糧道，越吾前後哉？其在尉繚子，集兵敵境，必栖其大城大邑而絕其道，能使敵人有城無守，有人無人，有資無資，是則爲客之道，必貴乎得地利，而後可以戰守也。太公雖以地利爲告，而武王又慮夫候望者失誤，卒與敵遇，兩旁爲敵所翼，前後爲敵所越，不足以戰守，爲之奈何？且前茅慮無，楚人之所以勝；斥候必遠，宗國之所以固；遠候不發，何以得敵之情？故太公所謂必先發遠候，審知敵人所在，又慮不得地利，則以武衝車爲壘，所以自衛也。置兩踵軍於後，所以爲應援也。其踵軍相去或百里，或五十里，凡以備有變，而前後救援也。環衛既謹，應援既嚴，敵人烏得而犯之？此三軍所以完堅而無毀傷也。

略地

武王問太公曰：戰勝深入略其地，有大城不可下，其別軍守險與我相拒，我欲攻城圍邑，恐其別軍卒，至而擊我，中外相合，擊我表裏，三軍大亂，上下恐駭，爲之奈何？太公曰：凡攻城圍邑，車騎必遠，屯衛警戒，阻其外內，中人絕糧，外不得輸，城人恐怖，其將必降。武王曰：中人絕糧，外不得輸，陰爲約誓，相與密謀，夜出窮寇死戰，其車騎銳士，或衝我內，或擊我外，士卒迷惑，三軍敗亂，爲之奈何？太公曰：如此者當分軍爲三軍，謹視地形而處，審知敵人別軍所在及其大城別堡，爲之置遺缺之道，以利其心，謹備勿失，敵人恐懼，不入山林，即歸大邑，走其別軍，車騎遠要其前，勿令遺脫，中人以爲先，出者得其徑道，其練卒材士必出，其老弱獨在，車騎深入長驅，敵人之軍，必莫敢至，愼勿與戰，絕其糧道，圍而守之，必久其日，無燔人積聚，無壞人宮室，冢樹社叢勿伐，降者勿殺，得而勿戮，示之以仁義，施之以厚德，令其士民曰：罪在一人，如此則天下和服。武王曰：善哉！

守法以救而誠，以食而久，攻城圍邑，必先明乎此。武王問太公以乘勝入敵境，欲攻城圍邑恐為敵人中外合擊。太公遂告以隔內外，絕糧道之法。其始則遠其車騎，警以屯衛，所以自固也。次則阻其內外，使應援不及，中人絕糧，使轉輸不通，既無所恃以為援，又無所資以為食，不收何待，內外絕糧食隔，固可以擊之也。然事極則智生，彼既知其不免，則必有謀約夜出窮寇以死戰，自又不可不慮也。然擊強之道，必分軍而用之，分為三軍，所以多其備也。視地而處，所以求其利也。又知敵之別軍與其大城別壘，置遺缺之道以利之，此以利誘之也。而已則守禦愈嚴，勿令有失，如是則敵不知其謀，故恐懼而栖保，不入山林，卽歸大邑，以求其利，而敵軍不知謀間走矣。然亦在遠車騎以要之，謹以陣以守之，與之相拒，而勿令遺脫，中外既隔，中人必以先出者為得道，其練卒材士必出繼之，而所留守者則獨老弱矣。吾於是始可以驅入而據其地，然亦不必與戰，但絕其糧道，久圍而守之，使之自降。彼既降矣，吾因而撫之，使之相率而歸，無燔其積聚，欲人足其用也。無壞其宮室，欲人安也。冢樹者人之所護，社叢者鄉民之所愛，故勿伐之。降者既明其罪則勿殺之，其主可誅，其民無罪，故雖得其民勿戮之。示以仁義，蓋欲以是道而感之也。感之以是，則彼必知吾兵之舉非為己私也，本之仁義也。既有以感之，必有以懷之，施之以厚德，所以懷之也。懷之以是，則彼必知吾兵之舉非以傷之也，乃所以恤之也。如此則彼國之民，知其罪之所歸在於其主一人者。宜其天下咸和服矣。湯武之師，弔民伐罪之師也，非有所害也。湯誓泰誓之作，無非示之以仁義也。大德之所昭，財粟之所散，無非施之以厚德也。不惟湯武然也。高祖入關，秋毫無犯，則於人必無懷也。秦王子嬰旣降，且以之屬吏，況有所殺戮乎？其語父老則以除害爲言，非示之以仁義乎？三章之約，田租之減，非施之以厚德乎？此漢之所以盛也。

火戰

武王問太公曰：引兵深入諸侯之地，遇深草蓊穢，周吾軍前後左右，三軍行數百里，人馬疲倦休止，敵人因天燥疾風之利，燔吾上風，車騎銳士，堅伏吾後，吾三軍恐怖散亂而走，爲之奈何？太公曰：若此者，則以雲梯飛樓，遠望左右，謹察前後，見火起，即燔吾前而廣延之，又燔吾後，敵人若至則引軍而却，按黑地而堅處，敵人之來，猶在吾後，見火起必還走，吾按黑地而處，強弩材士，衞吾左右，又燔吾前後，若此則敵不能害吾。武王曰：敵人燔吾左右，又燔吾前後，煙覆吾軍，其大兵按黑地而起，爲之奈何？太公曰：若此者，爲四五衝陣強弩，翼吾左右，其法無勝亦無負。

按孫子火攻之法，發火有時，起火有日，當以數守之，火發而必以兵應之，發上風則無攻下風，皆其大要也。是以陸遜之克先主也，則人持一炬；劉毅之走亘元也，則烟塵漲天。因風縱火，高頴以是而平陳；縱火擧燎，皇甫以是而討角。知所以用火之時，亦足以破其軍也。此武王之所以深憂，而太公則告之以火應火之法。先之以望敵之具察敵，而知火起之候，則燔吾前後以應之，敵人苟至，其計必沮，而引軍却退矣。吾乃按黑地能堅處，此乃下風之地也。加以强弩材士以爲衛，如此則敵不能害吾矣。昔李陵之伐匈奴也，匈奴於上風縱火以燒陵軍，陵亦放火燒斷葭草，相絕火勢，陵亦所以應火之術也。惜其所將而少，而勢有所不敵，所以不能自全也。若夫敵燔吾四面，又按黑地而起兵，此則敵人得夫火發而早應之說也。火發而應之以兵，兵靜者不可攻。故太公告武王，以衝陣强弩以翼之，依得其靜而使敵不敢攻，特可以自保耳，何勝負之有。

壘虛

武王問太公曰：何以知敵壘之虛實，自來自去？太公曰：將必上知天道，下知地理，中知人事，登高下望，以觀敵之變動；望其壘即知其虛實，望其士卒，則知其去來。武王曰：何以知之？太公曰：聽其鼓無音，鐸無聲，望其壘上，多飛鳥而不驚，上無氛氣，必知敵詐爲偶人也。敵人卒去不遠，未定而復返者，彼用其士卒太疾也。太疾則前後不相次，不相次則行陣必亂。如此者急出兵擊之，以少擊衆，則必勝矣。

太宗嘗曰：諸將但能言避實擊虛，及其臨敵，鮮識虛實者。則虛實之理，誠爲難知，宜武王必欲有以知之也。夫欲測敵者，必知三才之理，上而天時，下而地利，中而人事，三者既無不通，則於敵之情斯無不知矣。欲知其變動，則必登高下望而後可以知之。昔者楚子嘗登巢車以望晉軍矣；段韶嘗登邛阪以望周軍矣，登高下望，宜其可以知其變動矣。其虛實卽其壘而可知，其去來即其人而可知。然何以知之哉？始而聽其鼓鐸，見其無聲音似虛也，而未敢以爲虛也。又觀其壘上多飛鳥，城上無氛氣，然後知其詐爲偶人也。兵法曰：鳥集者，虛也。今多飛鳥而不驚，必其虛也。此叔向見城上有鳥，而知齊師之遁也。敵人卒然而去，不遠而近，此必統軍元律也。疾於用士卒，故前後無次而行陣亂。吳子論審將之法，謂其卒自行自止，其兵或縱或橫，此爲愚將，雖衆可獲，行陣既亂，前後既不相次，豈不可擊者。如此者，其可擊之形已見，宜急擊之，雖少可以勝衆矣。

豹韜

林戰

武王問太公曰：引兵深入諸侯之地，遇大林，與敵分林相拒，吾欲以守則固，以戰則勝，爲之奈何？太公曰：使吾三軍分爲衝陣，便兵所處，弓弩爲表，戟楯爲裏，斬除草木，極廣吾道，以便戰所，高置旌旗，謹勅三軍，無使敵人知吾之情，是謂林戰。林戰之法，率吾矛戟，相與爲伍，林間木疎，以騎爲輔，戰車居前，見便則戰，不見便則止，林多險阻，必置衝陣以備前後，三軍疾戰，敵人雖衆，其將可走，更戰更息，各按其部，是謂林戰之紀。

孫子論行軍，則有處山之軍。吳子對武侯之問，則有丘陵林谷之說。是則山林之戰，豈無其法耶？宜武王於遇大林分林相拒之際，必求所以守則固戰則勝之道。夫守而不固，不足爲善守；戰而不勝，不足爲善戰；故守則欲必固，戰則欲必勝。孫子云：善戰者，先爲不可勝，以待敵之可勝，繼之以不可勝者守也；可勝者攻也，是則守則必固，戰則必勝也。太公遂言林戰之法，分軍爲衝陣，所以爲衛也；便兵所處，所以求利也；弓弩爲表，所以禦敵也；戟楯爲裏，所以自翼也；斬除草木，以廣其道，是又欲便戰所也；高置旌旗，謹勅三軍，所以聚而安之以待敵也。然其爲謀，必欲其密，不可使敵人知吾之情，此固所謂林戰也。而其爲法則又詳焉！太公復申言其法。其爲法也，率吾矛戟相與爲伍，所以爲援也。林間木疎，以騎爲輔，所以防侵突也。戰車居前，示以必戰也。然亦料敵勢之可否。凡便於已則戰，不便於已則止。蓋兵法合於利而動，不合於利而止。便則利也，不便則不利也，故見便則戰，不見便則止。林多險阻，必慮夫敵有伏兵以襲其前後，故必置衝陣以備前後。既得其便，乃可以戰。戰之既疾，敵人雖衆無所用之，宜其必走。又且更戰更息，各安其部曲。林戰之法，無以易此，故謂之林戰之紀，言此乃林戰之法也。蓋兵以地而用，用以法而善，此林戰之法然也。然前言林戰，此又言林戰之紀者，蓋論兵之所用雖當知其地，而論地之所宜，則必欲得其法。是謂林戰者，此以戰地言也。是謂林戰之紀者，此以戰地之法言也。

突戰

武王問太公曰：敵人深入長驅，侵掠我地，驅我牛馬，其三軍大至，薄我城下，吾士卒大恐，人民係累，爲敵所虜，吾欲以守則固，以戰則勝，爲之奈何？太公曰：如此者謂之突兵，其牛馬必不得食，士卒絕糧，暴擊而前，令我遠邑別軍選其銳士，疾擊其後，審其期日，必會於晦，三軍疾戰，敵人雖衆，其將可虜。武王曰：敵人分爲三四，或戰而侵掠我地，或止而收我牛馬，其大軍未盡至，而使寇薄我城下，致吾三軍恐懼，爲之奈何？太公曰：謹候敵人未盡至，則設備而待之，去城四里而爲壘，金鼓旌旗皆列而張，別隊爲伏兵，令我壘上多積強弩，百步一突門，門有行馬，車騎居外，勇力銳士，隱伏而處，敵人若至，使我輕卒合戰而佯走，令我城上立旌旗擊鼙鼓，完爲守備，敵人以我爲守城，薄我城下，發吾伏兵以衝其內，或擊其外，三軍疾戰，或擊其前，或擊其後，勇者不得鬬，輕者不及走，名曰突戰，敵人雖衆，其將必走。武王曰：善哉！

孫子論死地，以疾戰則存，不疾戰則亡者爲死地。武王所問，敵人長驅侵掠，係累人民，此正孫子不疾戰則亡之地利也。武王所求以守固戰勝之道，而太公則以是爲突兵，曰突兵者謂宜疾戰也。惟疾戰，故不暇於食其牛馬足其糧食，必暴擊而前，然亦不可以無應援，故令我遠邑別軍選鋒擊後，所以合攻之也。審其期日，必會於晦，所以不欲使之見也。疾戰如是，敵雖衆，亦無所用之，故其將可虜。若夫敵人分軍爲三、四，或戰而侵掠，或止而收牛馬，軍未盡至，而使寇薄我城下，以致吾三軍恐懼，於斯之時，亦惟突戰。彼旣未盡至，吾則設備以待之，自去城四里爲壘以下皆備也。金鼓旌旗皆列而張，所以示其衆也。別隊爲伏兵，所以襲之也。壘上外積强弩，亦以待之也。百步一突門，門有行馬，所以拒禦也。車騎居後，所以蔽翼也。勇力銳士隱伏，所以藏銳也。及其旣至，令經車合戰而佯走，所以致之也。令城上立旗擊鼓，以爲守備，彼以我爲守，則必薄我城下，而不知守是攻之策，吾之伏兵一發而內外擊之，三軍疾戰而前後攻之。若是則敵衆無所用，敵計無所施，故勇者不得門，輕者不及走，而敵衆不足恃矣。田單嘗縱火牛以克燕軍，鄭人嘗爲三覆以敗北戎，是皆突戰之効也。

敵强

武王問太公曰：引兵深入諸侯之地，與敵人衝軍相當，敵衆我寡，敵强我弱，敵人夜來，或攻吾左，或攻吾右，三軍震動，吾欲以戰則勝，以守則固，爲之奈何？太公曰：如此者謂之震寇，利以出戰，不可以守，選吾材士强弩車騎，爲之左右，疾擊其前，急攻其後，或擊其表，或擊其裏，其卒必亂，其將必駭。武王曰：敵人遠遮我前，急攻我後，斷我銳兵，絕我材士，吾內外不得相聞，三軍擾亂，皆散而走，士卒無鬬志，將吏無守心，爲之奈何？太公曰：明哉！王之問也。當明號審令，出我勇銳冒將之士，人操炬火，二人同鼓，必知敵人所在，或擊其表，或擊其裏，微號相知，令之滅火，鼓音皆止，中外相應，期約皆當，三軍疾戰，敵必敗亡。武王曰：善哉！

寡不可敵衆，弱不可敵强，此常說也。況又引兵深入，而敵人以夜攻之，三軍震恐。若是則戰勝守固之道，尤不可不求也。太公以是爲震寇，謂宜有以震動之也。利以出戰，不可以守。蓋守則氣弱，必擒於敵；戰則氣銳，必可勝之。選材士强弩車騎以爲左右，所以自爲不可勝也；乃疾擊急攻其前後表裏。若是則必能亂其卒而駭其將。武王又慮夫敵人遮前後斷銳兵，絕材士，內外不相聞，而士卒無志於鬬，將吏無心相守。太公謂王之此問，爲甚明也。蓋以其勢之可見，故其理之易知，所謂之明哉之問也。當此之時，此明號審令，使衆知所從也。出銳士操炬火，將以爲火攻也。二人同鼓，所以震其聲也。知敵所在，而表裏擊之，微號相知，滅火息鼓，所爲期約也。加以三軍疾戰，宜敵之必敗也。吾漢之在廣樂也，時建衆十萬，而漢乃選四部精兵，與烏桓突騎三千，齊鼓而進，以破茂建，又何慮其敵之强耶?!

敵武

武王問太公曰：引兵深入諸侯之地，卒遇敵人甚衆且武，武車驍騎，我繞左右，三軍皆震走不可止，爲之奈何？太公曰：如此者謂之敗兵，善者以勝，不善者以亡。武王曰：用之奈何？太公曰：伏我材士强弩，武車驍騎爲之左右，常去前後三里，敵人逐我，發我車騎，衝其左右，如此則敵人擾亂，吾走者自止。武王曰：敵人與我車騎相當，敵衆我少，敵强我弱，其來整治精銳，吾陣不敢當，爲之奈何？太公曰：選我材士强弩，伏於左右，車騎堅陣而處，敵人遇我伏兵，積弩射其左右，車騎銳兵疾擊其軍，或擊其前，或擊其後，敵人雖衆，其將必走。武王曰：善哉！

乘勝以勝者易，易敗而勝者難，南原之役，右軍少却，高祖失色，此敗兵之舉也。而太宗乃能因是以擒老生，非易敗而勝乎？武王所問敵衆且武，武車驍騎，繞我左右，三軍震走。太公謂此爲敗兵，易敗而勝，其事爲難，是必善者而後可以成功。故曰善者以勝，不善者以亡。善者以其能戰也，故孫子論勝於易勝之說，亦以善戰者爲言，非善者安能易敗而勝乎？武王未知所以用之之法，而太公用以言之，必欲伏其材士强弩，翼以武車驍騎，去前後三里，使敵逐我，而後發吾車騎以衝之。如此，則敵已墜其計中，故彼必擾亂，而吾衆之走者可以自安止矣！太公所言，雖可以衝突而擾亂，而武王又慮夫强弱衆寡之不等，加以敵兵之整治，精銳之不可當，太公復以伏兵之說而言，大抵不有以藏其形，則不足以成其功。韓信之克陳餘也，以草山之伏；馮異之克赤者也，以道側之伏；伏兵旣密，而車騎堅陣以待之。敵遇伏兵，積弩射其左右，而車騎銳士，因以疾擊，宜敵人之衆不足恃，而其將必走也。此孫臏馬陵之弩，所以俱發而勝龐涓也。

烏雲山兵

武王問太公曰：引兵深入諸侯之地，遇高山盤石，其上亭亭，無有草木，四面受敵，吾三軍恐懼，士卒迷惑，吾欲以守則固，以戰則勝，爲之奈何？太公曰：凡三軍處山之高，則爲敵所棲，處山之下，則爲敵所囚，既以被山而處，必爲烏雲之陣，烏雲之陣，陰陽皆備，或屯其陰，或屯其陽，處山之陽，備山之陰，處山之陰，備山之陽，處山之左，備山之右，處山之右，備山之左，其山敵所能陵者，兵備其表，衢道通谷，絕以武車，高置旗旌，謹勑三軍，無使敵人知吾之情，是謂山城。行列已定，士卒已陣，法令已行，奇正已設，各置衝陣於山之表，便兵所處，乃分車騎爲烏雲之陣，三軍疾戰，敵人雖衆，其將可擒也。

烏雲澤兵

武王問太公曰：引兵深入諸侯之地，與敵人臨水相拒，敵富而衆，我貧而寡，踰水擊之，則不能前，欲久其日則糧食少，吾居斥鹵之地，四旁無邑，又無草木，三軍無所掠取，牛馬無所芻牧，爲之奈何？太公曰：三軍無備，牛馬無食，士卒無糧，如此者索便詐敵，而亟去之，設伏兵於後。武王曰：敵不可得而詐，吾士卒迷惑，敵人越我前後，吾三軍敗亂而走，爲之奈何？太公曰：求途之道，金玉爲主，必因敵使，精微爲寶。武王曰：敵人知我伏兵，大軍不肯濟，別將分隊以踰於水，吾三軍大恐，爲之奈何？太公曰：如此者分爲衝陣，便兵所處，須其畢出，發我伏兵，疾擊其後，強弩兩旁射其左右，車騎分為烏雲之陣，備其前後，三軍疾戰，敵人見我戰合，其大軍必濟水而來，發我伏兵，疾擊其後，車騎衝其左右，敵人雖衆，其將可走。凡用兵之大要，當敵臨戰，必置衝陣，便兵所處，然後以車騎分為烏雲之陣，此用兵之奇也。所謂烏雲者，烏散而雲合，變化無窮者也。武王曰：善哉！

孫子論行軍，有處山之軍，有處澤之軍，蓋以地無常形，兵有異用。而太公論山澤之兵，則本於一法，在山之兵，既取烏雲以為之，而在澤之兵，亦取之矣。古人言烏合之衆，以其易散也。以烏名之，非以散乎?!古人論兵之輕者，謂如雲覆之，謂其可以包覆之也。以雲名之，其合可知也。夫兵之道，不過乎散與合而已。山澤雖有異地，而烏雲本無異制，用之於山，則山可以勝；用之於澤，則澤可以勝，此無他，用得其法也。其在處山之兵，則欲高而惡下，故高則為敵所棲，下則為敵所囚。山有陰陽有左右；陰陽者山之南北也，左右者山之東西也。處陽備陰，處陰備陽，處左備右，處右備左，欲四方之皆有備也。敵所能陵越者，必備其表，於衢道通谷，則絕以武車，無通其路，置旌旗，勑三軍，以密其機，而使敵不之知，是謂山城，以其在山亦可以固守也。行列已定，士卒已陣，法令已行，奇正已設，此則備之已具也。故於山之表，各置衝陣，便兵所處以求其利。然其所以疾戰，則無出於烏雲之兵，故以烏雲山兵為兵。至於澤兵，其所處雖異，其所遇雖難，而其為法亦不出於烏雲。太公始雖告之以詐敵之法，然敵不可詐，則計必有所用。故始而求途以離其害，終而因敵以趨其利。欲人之導己，則不可以愛財，故求途之道，以金玉為主。彼慕吾之財，則必告之以所可由之道矣。欲踐壘而隨敵，則不可以或泄，故必因敵使，而以精微爲寶。既得其情，而後欲密其機也。然武王又慮夫敵人知之，而太公乃反復以鳥雲之兵終之。蓋以用兵之事，無出於此，故指是而以爲用兵之奇，豈非分合爲變，兵之奇道乎？此鳥雲所以爲用兵之奇。然太公又恐後世不明其意，故於終篇復明鳥雲之制，而以散合變化明之。

少衆

武王問太公曰：吾欲以少擊衆，以弱勝強，爲之奈何？太公曰：以少擊衆者，必以日之暮，伏於深草，要之隘路；以弱擊強者，必得大國之與隣國之助。武王曰：我無深草，又無隘路，敵人已至，不適日暮；我無大國之與，又無隣國之助，爲之奈何？太公曰：妄張詐誘以熒惑其將，迂其道令過深草，遠其路令會日暮，前行未渡水，後行未及舍，發我兵，疾擊其左右，車騎擾亂其前後，敵人雖衆，其伏將可走。事大國之君，下隣國之士，厚其幣卑其辭，如此則得大國之與，隣國之助矣。武王曰：善哉！

衆寡强弱，勢不相敵，然寡或可以勝衆，弱或可以勝强，玆又不可不求其所以然。三略有曰：以寡勝衆，以弱勝强，則衆與强，或不足恃，安得武王不以是而爲問。夫以少擊衆者，必以伏兵日暮而邀擊之，乃可以勝之也。昔者龐涓以全魏之師，而敗於孫臏之萬弩，此以寡勝衆也。然非馬陵道隘、龐涓暮至，則孫臏之謀，亦無所施。若夫以弱擊強者，則必得大國之與，鄰國之助，資其力以勝之也。昔者楚子伐鄭，而楚師夜遁，是豈鄭强而楚弱耶？必得大國之與，鄰國之助也。春秋書荊伐鄭，繼之以公會齊人宋人救鄭子，此以弱勝強者，必藉人之力也。武王於此又慮夫無可而以伏之地，無可要之處，無可必之時，與夫無助與之國，則將何以哉？太公遂以詭誘之說交際之禮明之。詭誘之說行，則彼之將必爲所熒惑，其道雖不遠，而吾能迂而曲之，使遠其途，既遠則其行必遲，故會當日暮，因其未盡渡未及舍之時而以擊之，則可以亂其衆而走其將。交際之禮，則大得所事，而大國必與之，鄰有所親，而鄰國必助之，此皆卑辭厚幣之所致也。若然則雖寡可以勝衆，雖弱可以勝強矣，夫何患焉！

分險

武王問太公曰：引兵深入諸侯地，與敵人相遇於險阨之中，吾左山而右水，敵右山而左水，與我分險相拒，吾欲以守則固，以戰則勝，爲之奈何？太公曰處山之左，急備山之右；處山之右，亟備山之左；險有大水，無舟楫者，以天潢濟吾三軍；已濟者亟廣吾道，以便戰所。以武衝爲前後，列其強弩，令行陣皆固；衢道谷口，以武衝絕之，高置旌旗，是謂車城。凡險戰之法，以武衝爲前，大櫓爲衛，材士強弩，翼吾左右，三千人爲一屯，必置衝陣，便兵所處，左軍以左，右車以右，中軍以中，並攻而前，已戰者還歸屯所，更戰更息，必勝乃已。武王曰：善哉！

昔晉楚泜水之役，陽處父與子尙，分泜水而守，陽處父退舍，而子尙亦退舍，此則分險而守，各求所以爲便利，而不敢輕動也。分險拒其難如此，如欲守則固，戰則勝，可不求其所以爲之術。然大抵分險戰守之法，處山則嚴爲之備，水則必思所濟，既濟則欲求其得利，則必謹所守，處左備右，處右備左，則其爲備也嚴，雖無舟楫，則以天潢而濟，則可以濟不通矣。既濟而廣道以便戰所，是又求其利也。置武衝列强弩，塞衢谷列旌旗，是又欲謹其守也。惟以武衝爲衛，所以謂之車城。武衝、車也，言雖無城守，而有車可以爲救翼，是亦城守也，故謂之車城。若夫拒險而戰，則前以車救以櫓，而翼以材士强弩，每三千人爲一屯，禦以衝陣，便其所處，三軍各以次攻，左則左，右則右，中則中，並攻而前，迭戰迭息，已戰者則歸，其所未戰者則更而進，如此則乃可以勝矣！武王聞其計之善，故善之。

犬韜

分合

武王問太公曰：王者帥師，三軍分爲數處，將欲期會合戰，約誓賞罰，爲之奈何？太公曰：凡用兵之法，三軍之衆，必有分合之變。其大將先定戰地、戰日，然後移檄書，與諸將吏期攻城圍邑，各會其所。明告戰日漏刻有時，大將設營而陣，立表轅門，清道而待。諸將吏至者，校其先後，先期至者賞，後期至者斬。如此則遠近奔集，三軍俱至，併力合戰。

分不分爲縻軍，聚不聚爲孤旅，分合之變，兵之大要也。故孫子云：分合爲變，而太宗與衛公答問，亦以分聚通宜爲言，是則分合之變，不可不明。大抵用兵之道，其始也分，其終也合。其分之者，所以據其要地；其合之者，所以並力以戰。武王以三軍分爲數處，此則其始之分也。期會合戰，此則其終之合也。然人稠兵衆，不可得而一，故必有約誓賞罰行焉！此武王之所以併問之也。而太公乃先言分合之變，而後言將之所以合戰。夫爲將者必知戰地、戰日，而後可以千里爲會。知戰地與日既定矣，乃移檄書與之會以攻城圍邑之期，使之畢集其所。既告之以時日矣，大將乃設營而立轅門，以爲之期，清道禁行，以止往來。彼諸將必有使至，先至則賞，後至則斬，如是則軍必以時而至。故遠近奔集，三軍俱至，可以併力合戰。昔高祖垓下之役，始與信布期而不至，高祖深以爲憂，及信布等分兵俱至，而後高祖之業定矣！此乃會期併力之效也。

武鋒

武王問太公曰：凡用兵之要，必有武車驍騎，馳陣選鋒，見可則擊之，如何而可擊？太公曰：夫欲擊者，當審察敵人十四變，變見則擊之，敵人必敗。武王曰：十四變，可得聞乎？太公曰：敵人新集可擊，人馬未食可擊，天時不順可擊，地形未得可擊，奔走可擊，不戒可擊，疲勞可擊，將離士卒可擊，涉長路可擊，濟水可擊，不暇可擊，阻難狹路可擊，亂行可擊，心怖可擊。

知吾卒之可以擊，而不知敵之不可以擊者勝之半也。故雖有武車驍騎，馳陣選鋒，可以擊敵。然不知敵之可擊，則亦未保其必成功也。是以武王謂有武車驍騎，馳陣選鋒，必欲見可而擊。夫敵有可擊之道，必有可見之形。凡十四變，皆敵人所可擊之形也。審察是變而後擊之，則敵必敗矣！所謂十四變者，自敵人新至，以至心怖，凡十四形。新集可擊，此則因其始至而變之也；陳慶之克魏也，嘗以未集而勝之矣。人馬未食可擊，則因其未修備而擊之也；光弼之伺其方飯以擊賊是也。天時不順，則違天時者也，故可擊；吳方得歲，苻堅欲伐之，所以敗也。地形未得，此則失地利者也，故可擊。竇泰依山未列，周文帝所以克之也。奔走則師無統者也，故可擊；北戎遇覆而奔，所以爲鄭所敗也。不戒則無備者也，故可擊；李靖之討蕭銑，以其無備也。疲勞則倦，故可擊；周訪擊杜曾，以其彼勞我逸也。將離士卒，則所守不固，故可擊；劉裕去歸，令其子守，所以狼狽而歸。涉長路則人困，故可擊；高歡數日行八、九百里，所以爲周文帝所克。濟水則可邀而擊之，此韓信所以克龍且也。不暇則人煩，故可擊；此賀若弼之平陳，所以欲彼出我入以煩之。阻難狹路則阨塞之地也，故可擊；馬陵道隘，孫臏所以克龐涓。亂行則無統，故可擊；亂次以濟，楚人所以敗於羅。心怖則多疑，故可擊；見八公山草木皆人形，秦師所以敗於晉。凡此皆其所可見者也，故皆可以擊之。其在吳子，武侯問敵有必可擊之道，而武侯對之以審虛實而趨其危，自敵人遠來新至，至於心怖，凡十三事。而杜佑論敵之可擊，亦有十五形，大抵必本諸此。

練士

武王問太公曰：練士之道奈何？太公曰：軍中有大勇敢死樂傷者，聚爲一卒，名曰冒刃之士；有銳氣壯勇強暴者，聚爲一卒，名曰陷陣之士；有奇表長劍，接武齊列者，聚爲一卒，名曰勇銳之士；有拔距伸鉤，強梁多力，潰破金鼓，絕滅旌旗者，聚爲一卒，名曰勇敢之士；有踰高絕遠，輕足善走者，聚爲一卒，名曰寇兵之士；有王臣失勢，欲復見功者，聚爲一卒，名曰死鬭之士；有死將之人子弟，欲爲其將報仇者，聚爲一卒，名曰死憤之士；有貧窮忿怒，欲快其志者，聚爲一卒，名曰必死之士；有贅壻人虜，欲掩迹揚名者，聚爲一卒，名曰勵鈍之士；有胥靡免罪之人，欲逃其恥者，聚爲一卒，名曰倖用之士；有材技兼人，能負重致遠者，聚爲一卒，名曰待命之士；此軍之練士，不可不察也。

霍去病所以每戰皆克者，以其所將常選也；余公理所以不能成功者，以其所驅市人也。惟練而用之，則所戰無不克矣！此武王所以問也。夫含生之類，皆有所欲，人固有以材而欲見用者，亦有以志而欲見用者，吾因其材而用之。則天下之材無或遺；因其志而用之，則天下之志有所伸。曰冒刃之士，曰陷陣之士，曰勇銳之士，曰勇力之士，曰寇兵之士，曰待命之士；凡此者皆其材爲可用也，吾則各使聚爲一卒以盡其材。曰死鬪之士，曰死憤之士，曰必死之士，曰勵鈍之士，曰倖用之士；此則皆其志欲求用也，吾則各使之聚爲一卒以伸其志。有材者以材擢，有志者以志奮，練士之法，無出於此，不可不察也。察之旣審，則人皆可用之人也。其在吳子，亦有所謂練銳之說。謂强國之君，必料其民自有膽勇氣力者，聚爲一卒；以至於棄城去守欲除其醜者，聚爲一卒。凡五者皆軍之練銳，其與太公所言，殆表裏矣。

教戰

武王問太公曰：合三軍之衆，欲令士卒服習教戰之道奈何？太公曰：凡領三軍，必有金鼓之節，所以整齊士衆者也。將必先明告吏士，申之以三令，以教操兵起居，旌旗指麾之變法。故教吏士使一人學戰，教成合之十人，十人學戰，教成合之百人，百人學戰，教成合之千人，千人學戰，教成合之萬人，萬人學戰，教成合之三軍之衆。大戰之法，教成合之百萬之衆，故能成其大兵，立威於天下。武王曰：善哉！

士不素教，不可用也，法言之矣；士卒熟練，法又言之矣。是則不教民戰，豈不謂之殃民耶？教戰之法，必有所寓，武王之所以問也，凡統軍而教之，不過金鼓之節，申令之明，習變之熟而已。鼓以進之，金以止之，一進一退，各有其節，此士衆之所以整齊也。三令而五申之，旣明軍法，乃可以行，故必先明告吏士，申以三令，操兵起居，各有所便，旌旗指麾，各有所用，其爲變法，欲使之皆習，所以必在所教也。其爲法也，由寡以至衆，必由寡以至衆者，欲其力不勞而教易成也。寡莫寡於一人，衆莫衆於百萬，自一人教成之後，合之十人，十合成百，百合成千，千合成萬，萬合成三軍，而大戰合百萬，皆由寡以及衆也。惟合之有序，教之有素，此所以能成其大兵，而立威於天下也，安得武王不稱善！其與子教戰之法，自一人學戰，教成十人，至於萬人學戰，教成三軍，皆由寡以及衆也。其在尉繚子教戰之法，自百人教戰合之千人，至於萬人教成合之三軍，亦由寡以至衆也。教戰之法，無出諸此，所以二子之言與太公言，皆一律也。

均兵

武王問太公曰：以車與步卒戰，一車當幾步卒，幾步卒當一車；以騎與步卒戰，一騎當幾步卒，幾步卒當一騎；以車與騎戰，一車當幾騎，幾騎當一車？太公曰：車者、軍之羽翼也，所以陷堅陣要強敵遮走北也。騎者、軍之伺候也，所以踵敗軍，絕糧道，擊便寇也。故車騎不敵戰，則一騎不能當步卒一人。三軍之衆，成陣而相當，則易戰之法，一車當步卒八十人，八十人當一車，一騎當步卒八人，八人當一騎，一車當十騎，十騎當一車；險戰之法，一車當步卒四十人，四十人當一車，一騎當步卒四人，四人當一騎，一車當六騎，六騎當一車。夫車騎者，軍之武兵也；十乘敗千人，百乘敗萬人，十騎走百人，百騎走千人，此其大數也。

司馬法有五兵五當之制，是則兵之敵戰，皆有所當也，況車步騎乎?!晁錯嘗論得地形之說，謂土山丘阜，步兵之地也，車騎二不當一；平原曠野，車騎之地也，步兵十不當一。是三者通相與戰，必有所當，均而用之，得無術乎？此武王以車步騎三者所當之數而為問也。且車與騎，其為制不一，故其用亦異。車也者所以捍蔽也，故為軍之羽翼。太公分險之法，以武衝為前；絕道之戰，以武衝為壘；是則車為軍之羽翼也明矣。惟為羽翼，故敵陣雖堅，車可以陷之；敵兵雖強，車可以要之；敵兵走北，車可以遮之，皆以其可以蔽也。騎也者所以馳騁也，故為軍之伺候。曹公兵法，有遊騎戰騎；衛公兵法，有跳盪騎兵；是則騎為軍之伺候也明矣。惟為伺候，故敵之軍敗，則可以躡繼之，糧道可以絕斷之，便寇可以攻擊之，皆以其可以伺候也。車步騎三者，欲其相當，則必敵戰而後可；不敵戰，則一騎不能當步卒一人，以其不得所用也。若夫三軍之衆，成列而相當，此則敵戰之際，故其所當之數，可得而言。然亦以其地之險易而辨之：易地則宜於車騎，故所當者衆；險地則不宜於車騎，故所當者寡。若於易地則一車可以當步卒八十人，一騎可以當八人，若以車而與騎當，則一車又可以當十騎。至於險地則其所當之數，不及於易地，故一車特可以當步卒四十人，一騎可以當四人，以車與騎戰，一車亦只可以當六騎矣；是皆因地形而異其數也。車騎之用，若是其大，故為軍之武兵。武兵者言其猛疾也，是以十乘之車，可以敗千人；百乘之車，可以敗萬人；十騎可以走百人，百騎可以走千人，此其大數也。至於太宗問曹公戰騎之說，衛公則以為八車當車徒二十四人；太宗問車步騎之法，衛公則以為一馬當三人，何其數之不同耶？衛公所言，荀、吳、曹公法也。此之所言，太公之法也。法異故用異。

武王曰：車騎之吏數陣法奈何？太公曰：置車之吏數，五車一長，十車一吏，五十車一率，百車一將。易戰之法，五車為列，相去四十步，左右十步，隊間六十步。險戰之法，車必循道，十寸爲聚，二十車爲屯，前後相去二十步，左右六步，隊間三十六步，五車一長，縱橫相去一里，各返故道。置騎之吏數，五騎一長，十騎一吏，百騎一率，二百騎一將。易戰之法，五騎爲列，前後相去二十步，左右四步，隊間五十步。險戰者前後相去十步，左右二步，隊間二十五步，三十騎爲一屯，六十騎爲一輩，十騎一吏，縱橫相去百步，周還各復故處。武王曰：善哉！

所以統軍者必有人，所以列兵者必有陣，古之教戰之法，伍有長，率有長，旅有帥，師有帥，皆所以統之也。曰鵝鶴，曰魚麗，曰荊尸，皆所以列之也。吏數者，此所統之人也。陣法者，此所列之陣也。以軍之吏數言之，五車一長，十車一吏，五十車一帥，百車一將，皆以統之也。其法始於五，以五者數之所起也。終於百，以百者數之所成也。由是而推，或千或萬，皆自此始也。其在衛公所論之軍制，則曰五車爲隊，僕射一人，十車爲帥，率長一人，此則長帥之職也。至於凡軍千乘，將吏二人，其數與此異者，衛公所言漢魏制也，所以不同。其爲陣法，則以地形之險易而別之；易地則廣，故以五車爲列，相去左右隊間，或四十步，或六十步，以其地之廣而可馳騁也。至於險地則狹，故車必循道，聚以十車，屯以二十車，左右則六步，隊間則二十六步，其相去雖若是其近，亦以長而帥五車，縱橫之間，以里爲率，各返故道，所以防失軼也。嘗觀鄭人魚麗之法，先偏後伍，伍乘彌縫，則知太公所言陣爲可驗矣。至於騎之吏數，亦以五十以百而分，必二百而一將者，以其易統於車也。觀北城之戰，光弼與論惟正以鐵騎二百，與郝廷王以三百，二百一將，太公法也。而三百亦一將者，此以才而用之也。霍去病所將四十萬騎，是又大將也。其爲陣法，亦以陣之險易。野則便於馳逐，故以五騎爲前；其相去左右隊間之地，其廣或二十步，或四步，或五十步，以其地易，故所占之地廣。若夫險地則狹矣！故前後左右隊間之地，比之易地，各減其半，或十步，或二步，成二十五步。一屯則三十騎，一輩則六十騎，而十騎又統以一吏，縱橫相去，以百步爲率，周旋相共間，而各復於故處，所以防散失也。太公之所言，既若是其詳，武王安得不稱善。

武車士

武王太公曰：選車士奈何？太公曰：選車士之法，取年四十以下，長七尺五寸以上，走能逐奔馬，及馳而乘之，前後左右上下周旋，能縛束旌旗，力能彀八石弩，射前後左右，皆便習者，名曰武車之士，不可不厚也。

武騎士

武王問太公曰：選騎士奈何？太公曰：選騎士之法，取年四十以下，長七尺五寸以上，壯健捷疾，超絕倫等，能馳騎彀射，前後左右周旋進退，越溝塹，登丘陵，冒險阻，絕大澤，馳强敵亂大衆者，名曰武騎之士，不可不厚也。

人各有能，故選之各有法。能於車者，是爲武車士；能於騎者，是爲武騎士，二者其能不同也，選士之法，亦因以異。所謂車士也，必其能逐奔馬，束縛旌旗，力能彀八石弩，射前後左右者而後可。所謂騎士者，必其能壯健捷疾，超絕倫等，馳騎彀射，越溝塹，登丘陵，越險阻，絕大澤，馳强敵亂大衆者而後可。周人戎車三百輛，虎賁三千人，此則選車士之得其人也。霍去病以四十萬騎出塞，其所以將常選，則此選騎士之得其人也。車騎之士，必以年四十以下者，以兵血氣方剛之時為可用也；必以長七尺五寸以上者，蓋人長八尺，故有取於七尺五寸以上者焉。是二者其才既異乎人，則其待之也亦不可輕，故皆不可不厚也，言待之必欲其厚也。其在吳子，有所謂一軍之中，必有虎賁之士，力輕扛鼎，足輕戎馬，搴旗取將，必有能者此之類，選而別之，愛而貴之，是亦太公不可不厚之說也。

戰車

武王問太公曰：戰車奈何？太公曰：步貴知變動，車貴知地形，騎貴知別徑奇道，三軍同名而異用也。凡車之死地有十，其勝地有八。武王曰：十死之地奈何？太公曰：往而無以還者，車之死地也；越絕險阻，乘敵遠行者，車之竭地也；前易後險者，車之困地也；陷之險阻而難出者，車之絕地也；圮下漸澤，黑土黏埴者，車之勞地也；左險右易，上陵仰阪者，車之逆地也；殷草橫畝，犯歷深澤者，車之拂地也；車少地易，與步不敵者，車之敗地也；後有溝瀆，左有深水，右有峻阪者，車之壞地也；日夜霖雨，旬日不止，道路潰陷，前不能進，後不能解者，車之陷地也；此十者車之死地也。故拙將之所以見擒，明將之所以能避也。武王曰：八勝之地奈何？太公曰：敵之前後，行陣未定，即陷之；旌旗擾亂，人馬數動，即陷之；士卒或前或後，或左或右，即陷之；陣不堅固，士卒前後相顧，即陷之；前往而疑，後恐而怯，即陷之；三軍卒驚，皆薄而起，即陷之；戰於易地，暮不能解，即陷之；遠行而暮舍，三軍恐懼，即陷之；此八者車之勝地也。將明於十害八勝，敵雖圍周千乘萬騎，前驅旁馳，萬戰必勝。武王曰：善哉！

兵惟有異制，故亦有異宜，步也、車也、騎也，三者之制異也。步則利於馳逐，故貴知變動；車以陽燥而起，以陰濕而停，故貴知地形；騎所以為軍之伺候，故貴知奇徑別道，其所宜不同也。三者雖不同，而同於為兵，故三軍同名，名雖同而用則異，是又不可以其同而不別其宜，此三軍之所以同名而異用也。太宗嘗問衛公，以車步騎三者一法也，其用在人乎，靖則質之魚麗之陣，明以伐狄之事，謂混為一法，用之在人，敵安知吾車果何出？騎果何來？徒果何從？是知車步騎有所異，亦有所同也。且以車言所用之地也，有以勝，亦有以敗，故死地有十，勝地有八。大抵地不能皆利，而害者尤甚，自往而無以還之死地，至於前不能進，後不能解之陷地，凡十有者皆害也。地不能無害，將貴於避害，拙將則不知於避，故見擒；而明將則知之，故能避。其在孫子，嘗論絕澗、天井、天羅、天牢、天陷、天隙之地，謂吾遠之敵近之，吾迎之敵背之，是亦欲人之知所避也。若夫八勝之地，則必因敵之勢而陷之，自敵之前後行陣未定，至於遠行暮至，三軍恐懼，皆勢之可因也。由是而陷之，宜無不勝矣！勝敗之地，若是其明，將能知之，則敵雖周圍千乘萬騎，前驅旁馳，吾何畏彼哉？！以吾知所去取也。故雖萬戰必勝，此鄭伯之所以克北戎；馬隆之所以克梁州。若夫房琯陳濤之戰，用古車法而反以致敗，是豈善用車者哉！

戰騎

武王問太公曰：戰騎奈何？太公曰：騎有十勝九敗。武王曰：十勝奈何？太公曰：敵人始至，行陣未定，前後不屬，陷其前騎，擊其左右，敵人必走；敵人行陣整齊堅固，士卒欲鬬，吾騎翼而勿去，或馳而往，或馳而來，其疾如風，其暴如雷，白晝而昏，數更旌旗，變易衣服，其軍可克；敵人行陣不固，士卒不鬬，薄其前後，獵其左右，翼而擊之，敵人必懼；敵人暮欲歸舍，三軍恐駭，翼其兩旁，疾擊其後，薄其壘口，無使得入，敵人必敗；敵人無險阻保固，深入長驅，絕其糧路，敵人必飢；地平而易，四面見敵，車騎陷之，敵人必亂；敵人奔走，士卒散亂，或翼其兩旁，或掩其前後，其將可擒；敵人暮返，其兵甚衆，其行陣必亂，令我騎十而爲隊，百而爲屯，車五而爲聚，十而爲羣，多設旌旗，雜以強弩，或擊其兩旁，或絕其前後，敵將可虜；此騎之十勝也。武王曰：九敗奈何？太公曰：凡以騎陷敵，而不能破陣，敵人佯走，以車騎返擊我後，此騎之敗地也，追北踰險，長驅不止，敵人伏我兩旁，又絕我後，此騎之圍地也，往而無以返，入而無以出，是謂陷於天井，頓於地穴，此騎之死地也，所從入者隘，所從出者遠，彼弱可以擊我強，彼寡可以擊我衆，此騎之沒地也，大澗深谷，蓊薉林木，此騎之竭地也，左右有水，前有大阜，後有高山，三軍戰於兩水之間，敵居表裏，此騎之難地也，敵人絕我糧道，往日無以返，此騎之困地也，汙下沮澤，進退漸洳，此騎之患地也，左有深溝，右有坑阜，高下如平地，進退誘敵，此騎之患地也，此九者騎之死地也，明將之所以遠避，闇將之所以陷敗也。

料敵制勝，計險阨遠近，上將之道也。騎有十勝九敗，其所以去敗而從勝者，則在夫將之能矣。古之用騎以勝者，在漢則韓信、灌嬰、霍去病、衛青、李廣之徒；在唐則李靖、尉遲敬德、李光弼、薛仁貫之徒，皆騎將也。使數君子不知夫騎之勝負之地，則亦何以能成功耶?!騎不得成列，則韓信未敢下井陘。敵勢有可取，則光弼因以用論郝。騎有可用，宜無不勝；如不可用，得無避乎?自敵人行列未定以下，皆其取也故勝。惟其可以勝，所以能走敵克敵。所存止於八者，意其傳者之失之也，亦不曾害其爲勝也。若夫九敗之地，則敵之所不利之地，故明將必遠避之，而闇將不能避，所以敗也。

戰步

武王問太公曰：步兵與車戰奈何?太公曰：步兵與車騎戰者，必依丘陵險阻，長兵强弩居前，短兵弱弩居後，更發更止，敵之車騎，雖衆而至，堅陣疾戰，材士强弩，以備我後。

武王曰：吾無丘陵，又無險阻，敵人之至，既衆且武，車騎翼我兩旁，獵我前後，吾三軍恐怖，亂敗而走，爲之奈何?太公曰：令我士卒爲行馬蒺藜置牛馬隊伍，爲四武衝陣，望敵車騎將來，均置蒺藜，掘地匝後，廣深五尺，名曰命籠，人操行馬進退闌車以爲壘，推而前後，立而爲屯，材士强弩，備我左右，然後令我三軍皆疾戰而必解。武王曰：善哉!

太公均兵之法，謂一車當步卒八十人，一騎當步卒八人，則車騎之勢盛，而步兵之勢微也。然北戎侵鄭，鄭伯謂彼徒我車，懼其侵軼我，是則步兵亦可用；其所以用之，則貴乎得地。以步兵與車騎戰者，必依丘陵險阻，必依乎是者，欲恃是以爲固也。太宗論此，乃以天隙之地丘墓故城爲疑，曾不知九地之變，屈伸之利。孫子所言也，宜衛公以謂我得爲之利，豈宜反去之，是則步兵必欲依險也。況又前之以長兵强弩，繼之以短兵弱弩。長兵强弩所及者遠，故前之；短兵弱弩所及者近，故後之。又且更發更止，可以迭戰而久，敵車騎雖衆而至，必堅陣疾戰以禦之，而以材士强弩備之，若是則何爲不勝。武王又慮夫無險阻可恃，而軍士恐怖則何以哉？若此之地，宜以拒禦爲尙，爲蒺藜置牛馬隊伍，作四武衝陣，掘地爲命籠，操行馬以闌止之，使材士强弩以備之，凡此者皆拒禦也。李衛公嘗答太宗蒺藜行馬之問，謂守禦之具，非攻戰之施。而太公於此乃以爲戰具者，蓋惟有以拒之，而後可以勝之。然太公豈專以是爲勝哉？必繼之以三軍疑戰而後可以解。若太公者，可謂籌之審，而計之善矣。武王安得不稱善！

司馬兵法

司馬法目錄

司馬法

司馬法

司馬法出於何時，當齊威王之世，大放穰苴之法以治兵而諸侯朝齊，威王使大夫追論古司馬法，而附穰苴於其中，號曰司馬穰苴兵法。穰苴在齊司馬也，因號爲司馬穰苴，故其書曰司馬法。今考其書，有春蒐秋獮之法，有振旅治兵之法，有發之九禁之法，是皆得於古司馬遺意也。嘗考之藝文志，曰：古司馬法得百三十篇，今所存者五，何者？歷世既久，簡編殘缺，而爲後世之所刪定，學者能於五篇之中而攻之，亦足以發矣。不然，雖多亦奚以爲。

仁本

古者以仁爲本，以義治之之爲正，正不獲意則權。

以道而服人者，兵之常；反經而合道者，兵之變。正、常也，權、變也，權之爲義，非譎也，權一時之宜，將以反經而合道也。兵以愛人爲主，故本之以仁；兵以合宜而動，故治之以義，二者兼盡，謂之何哉？謂之正也，此服人之道也。苟其仁義有所不能也，聖人又安能恝然哉？故正不得已則有權焉。權者，權時之宜而爲之戰也。湯武之師，仁義之師也，湯之所以割正夏，武王所以大正于商，皆正也。桀紂之君，有非仁義之所能化，湯武又安得而已之乎？故又有所謂權也。嗚條牧野之師，此湯武之至權也。

權出於戰，不出於中人。

中人有二說；一曰：中人執中者也，一曰：中人者宦人也。宦者之說，如唐使宦者監軍容是也。執中者，如孟子所謂執中無權猶執一也。中人之所爲，守一而不知變，是孔子所謂未可與權之人也。權變之道，實出於戰，豈守一不變之中人，所能爲哉？此湯武之所以興，漢高祖、唐太宗之所以起。戰爲有權，中人豈知所謂權，此泓之戰，宋襄所以敗。井陘之役，陳餘所以死，皆中人之所爲，不足以言戰之權也。

是故殺人安人，殺之可也。攻其國愛其民，攻之可也。以戰止戰，雖戰可也。

兵有所可用，雖堯舜大王，不可得而舍。兵有所不可用，雖秦皇漢武，不可得而强。何者？兵之爲用，伐罪弔民而已，苟利於民，何憚而不爲耶？不然，是以燕伐燕，民何望焉。況帝王擧兵，爲天下倡，豈專以殺伐爲哉？故殺一人，而天下爲之擧安，殺之可也，爲所殺者少，而所安者衆也。黃帝有阪泉之戰，堯有胥敖之伐，舜有三苗之誅，非欲安人乎？攻其國愛其民，攻之可也，爲其所攻者暫，而所安者久也。湯有鳴條之師，武王有牧野之戰，高帝有入關之擧，非所以愛民乎？至於戰之爲事，亦欲以一而止百，然後可戰也。吳子曰：一勝者帝，又何嘗以窮黷爲哉？文王一怒而天下安，晉文一戰而伯業成，是也。君之於刑，豈務殘民而快其私怒哉？刑期於無刑也，無刑而後可以用刑，止辟而後可以用辟，無訟而後可以聽訟。然則安人而後可以殺人，愛民而後可以攻國，止戰而後可以用戰，雖然可以無殺無攻無戰乎？無之亦可也。然不殺之無以安，不攻之無以愛，不戰之無以止，法以可也爲辭者，言其苟不如此則不可也。惟能如此，而後可爲也。

故仁見親，義見悅，智見恃，勇見方，信見信。

用兵之德不同，而下之應之者亦不同。上表也，下影也，未有表正而影不隨。上聲也，下響也，未有聲動而響不應。我之所以用兵者既有不同，則其應之者，亦隨所感。上有仁以愛人，則人莫不親；有義以制宜，則人莫不悅。智足以謀，則人賴之，故見恃；勇足以戰，則人効之，故見方；信而不疑，則人信之。孟子曰：君行仁政，民則親上。三略曰：仁者人之所親，仁足以及人，則人必親之。武王散財發粟仁也，故同心同德，見於三千之衆。傳曰：義以宜之。略曰：義者人之所宜，事而合義，則人悅之。武王以至義伐不義，簞食壺漿以迎王師。法曰：智爲謀主，故人賴之。湯以天錫之智，故兆民賴之而伐桀。法曰：在軍見方，勇則先登敢爲，故人効之。武王一怒而安天下，勇也，故三千臣莫不同力。語曰：上好信則民用情，上能以信待之則人不欺之。光武推赤心置人腹，而人亦以誠待之。若夫小惠未徧，烏足以見親；小義未宜，烏足以見悅；閒閒之智，何足恃；妾婦之勇，何足方；小人之信，何足信哉?!

內得愛焉，所以守也。外得威焉，所以戰也。

內有恩以結人，則人心必悅矣，以之保國，將不守而自固。外而有威足以制人，則人必誠服矣，以之用兵，人將樂爲之用。夫兵之爲用，戰守而已，以守則固，以戰則克，無他，愛與威也。法曰：愛在下順，威在上立，愛威兩全，何有施不可。且以將觀之，其威德仁勇，足以率下安衆，怖敵決疑，猶且人不敢犯，寇不敢敵，況有國家者乎?傳曰：衆心成城，此言守也。法曰：畏我侮敵，此言戰也。

戰道不違時，不歷民病，所以愛吾民也。不加喪，不因凶，所以愛夫其民也。冬夏不興師，所以兼愛民也。

易之同人，同人于宗，不若同人于郊，于郊不若同人于野。同人于宗，各惡其獨愛也。故各同人于野，兼愛也，故享。聖人愛人，豈獨愛其愛哉？欲兼所愛也。聖人愛人之心，雖由近以至遠，至於一視同仁，無所不愛，聖人之至人也。故自其愛吾民，推而至於愛夫其民，又推而至於兼愛民，其大德也。故是以爲戰之道，不可違其時，不歷民於病。苟違其時，則寒暑失宜，疾疫由生，而民必歷於病也。曹操伐吳，時方盛寒，馬無藁草，人生疾疫，烏在其爲愛民哉?!充國以正月擊弁羌，得計之理，又其時也。辛武賢知漢馬不耐冬，兵多羸瘦，欲分兵擊之，是知所以愛吾民也。彼國有釁可弔也，兵其可加乎？有凶可恤也，其可因而伐之乎？吳以共王卒而伐楚，釁以大飢而攻楚，烏在其爲愛夫其民哉?!楚聞晉喪而還，晉饑，秦輸之粟，是知所以愛夫其民也。隆冬大寒，手足可墮，師不可興也。盛夏炎熱，民多疾病，師亦不可興也。冬夏不興師，我之民得所利，而彼民亦得其利也，武王、宣王之師也。武王十一月渡孟津，宣王六月伐玁狁，人皆謂其以冬夏興師，非愛兼愛者也。殊不知周以建子爲正，按周禮有正歲，有正月，正歲者，先王之正歲，月建寅也。正月者，周之正月，子月也。周官布治教政刑，則用周之正月，其餘致治簡器。凡寓於先王之政者，則從先王之正歲，今武王以十一月渡孟津，則今之正月，乃春非冬也。宣王以六月伐玁狁，則今之八月，乃秋非夏也。武宣之意，所以兼愛民也。不違時，或曰：不違農時。不違農時，則民得足於食，故不歷民以所病之事。

故國雖大，好戰必亡；天下雖安，忘戰必危。

兵不可以數用，亦不可以不用。數用之則好大喜功，窮民遠略，不可也。不用之，則無以守國，無以備敵，尤不可也。如之何哉？守之用不用之中而存之耳。蘇子曰：天下之勢莫大於使天下樂戰而不好戰，爲好戰則將爲秦皇矣。秦皇之國，非不大也，不再傳而遽亡者，非戰之過也。況兵猶火也，不戢將自焚，此好戰之所以必亡。康莊子曰：鞭笞不可偃於家，刑罰不可偃於國，征伐不可偃於天下，苟為去兵，則將為唐穆宗矣。穆宗時，兩河既定，天下似安矣，蕭俛議銷兵，及朱克融之變，而復失河北者，忘戰故也。況夫叛而不討，何以示威，此忘戰之所以必危也。與其忘，不可好，好之將至於亡，而忘之雖危，亦未至於亡也。成周之時，畿方千里，以為甸服，其餘以為公侯伯子男。成周之君，豈好用兵哉？戎狄膺之而已，荊舒懲之而已，非好戰也。方天下隆盛之時，而司馬之戰，四時之教，必致其謹者，不忘戰也，此所以為極治之世與？

天下既平，天子大愷，春蒐秋獮；諸侯春振旅，秋治兵，所以不忘戰也。

功成而作樂者，所以樂人心。因時而講武者，所以嚴武備。大抵天生五材，誰能去兵，傳嘗言之矣。而治不忘亂，安不忘危，傳又言之矣。故雖天下既平，天子大愷，而講武之事，未之或廢焉。愷者，軍旅所奏之樂也。周禮曰：凡師大獻，則奏愷樂。又曰：若師有功，先愷樂獻于社。愷之為言，釋怒氣而為悅如風，謂之愷風，言其長養萬物而和樂也。天子於天下，既平而奏大愷，因功成而作樂，以樂天下之心也。然而功固可歌也，而武備尤不可以不備也。故春而蒐，秋而獮，春而振旅，秋而治兵，此因時而教戰之法也。蒐者、蒐而取之，方春物生，必擇其不胎者蒐取之，故春曰蒐。獮者、少也，秋物方成，所得尤少，故秋曰獮。振旅者、班師也，春時農務始興，其可用兵乎？故以振旅為名。治兵者、理軍也，秋時天氣始殺，正可以用兵矣，故以治兵為名。按周禮中春教振旅，遂以蒐田，中秋教治兵，遂以獮田，則二者未始異也。今於天子言蒐獮，於諸侯言振旅，治兵者，互文以備之也。記曰：諸侯無故為不田獵者，有刑，則諸侯未始不田也。故春秋之所講，皆得而行之，此無他，嚴內外之備也。臧僖伯曰：春蒐、夏苗、秋獮、冬狩，三年治兵，入而振旅，此皆教戰法也。春秋時，振旅愷以入于晉，言愷樂猶存也。至於冬大蒐，秋大閱，春治兵，亦得先王之遺意。然法言春秋，而不言冬夏者，亦舉此以見彼也。

古者逐奔不過百步，縱綏不過三舍，是以明其禮也。不窮不能，而哀憐傷病，是以明其仁也。成列而鼓，是以明其信也。爭義不爭利，是以明其義也。又能舍服，是以明其勇也。知終知始，是以明其智也。六德以時合教，以為民紀之道也，自古之政也。

法曰：逐奔不遠，縱綏不及。杜預注：古者名退軍曰綏，晉秦未能堅戰而兩退，故曰交綏。而衛公則極言其意謂綏御轡之索也。我兵既有節制，彼敵亦正行伍，故出而交綏，退而不逐，各防失敗也。李牧攻匈奴，一戰而北，匈奴逐之，乃以兩翼而勝，此逐奔之過，為人所勝也。晉人避楚三舍，楚人追之，為晉人所敗者，此縱綏之過，為人所勝也。其節如此，所以為禮也。兵有以禮為固者，今逐奔不過百步，縱綏不過三舍，豈不足以明其禮乎？不窮不能，而哀憐傷病，是以明其仁也。人之有能有不能，不能而強之，則人必死其所不能矣，豈仁也哉？！人之調衛不時則有病，臨敵決戰則有傷，不能哀憐之，則失其所謂愛，豈仁也哉？！吳子教戰之法，使強者持旌旗，勇者持金鼓，此不窮不能也。至於為卒吮疽，同甘苦，此哀憐傷病也，皆仁也，故以明其仁。成列而鼓，是以明其信也，師之耳目在旗鼓，一鼓不當則眾心疑。成列而後鼓，豈不足以示信乎？然宋襄公泓水之戰，不鼓不成列，似信也。何以致敗？襄公非行仁義之資，而欲使區區一鼓以取信於人，又安知其信之所在。然則襄公之不鼓，不如鼓，儳者之為知權也。爭義不爭利，是以明義也，人皆知利之為利，而不知義之為利，其利大矣。子思曰：仁義固所以利之，苟不知義之利，而惟利是爭，吾恐其未見利，而先被其害矣。法曰：戰必以義，非以利也。高祖入關，秋毫無所犯，欲以與天下與討殺義帝者。利耶！義耶！智者之義可知也。又能舍服，是以明其勇也。高祖不殺子嬰，天下莫能與抗；光武不殺盆子，天下莫與之敵。夫人已降而殺之，不祥。服而舍之，所以示勇也，豈不足以爲勇乎？勇也者非暴也，所謂神武而不殺者也。鄭小國也，許服而舍之，君子與之其勇，爲如何？乃若白起坑秦卒，李廣殺已降，勇者固如是乎？！故曰：禍莫大於殺已降。又曰：降者勿殺，服可不舍乎？知始知終，是以明其智也。易曰：知終始之變者，其知神之所爲乎？蓋無所不知之謂智，智之所極，可以窮天地，可以極鬼神。況於始終之義，始而知兵之可用，終而知兵之可侵，此智也。一說，始知兵之可用，終知兵之必勝，智也。湯以天錫之智，伐夏興商，其知終知始爲如何？苻堅妄舉伐晉，而卒以敗亡，何智之有？是六者以時合教，爲民紀之道也。德不兼備，不足以教民，教不素講，不足以統衆。禮仁信義勇智，此六德也，一或不備，不足以教民。然德既備矣，苟不因時而教之，則無以素服其心，於人心不易統也。惟備其德，而教之有素，豈不足以爲紀綱而以統衆耶？傳曰：君子爲國，張其綱紀。又曰：以紀萬民，況兵之爲教，其不以是爲紀哉？凡此皆古之政也。以政言者，司馬夏官也。兵、政之事也，法、司馬之政也，豈得不謂之政。自古之政也，有四政同，其爲政則不同，此以教言，若三者，則皆戰事也。

先王之治，順天之道，設地之宜，官民之德，而正名治物，立國辨職，以爵分祿，諸侯說懷，海外來服，獄弭而兵寢，聖德之治也。

三才之用，得其當，然後事務無不舉。萬邦之任，得其人，然後太平之治，可以致。夫在天有道，在地有宜，在民有德，吾能順之設之官之，則三才之用得其當矣。故揆之以名分則正，推之於事類則治，事務其有不舉乎？有國斯有職，有爵斯有祿，吾能立而下之。以是分之，則萬邦之任得其人矣，故內外之人，無不悅服。兵刑之用可以寢息，天下之治其有不致乎？是以王者順陰陽之時，因寒暑之節，推風雲氣象之占，皆順天之道也。熟險易之形，度廣狹之勢，明遠近死生之理，皆設地之宜也。定爵位之尊卑，等道義之小大，較偏裨將帥之才能，此官人之德也。舉斯三者，而後可以正名分治物類也。夫子之必也正名，舜之明於庶物，是也。然而先王建萬國，親諸侯，或百里，或五十里，公有公之職，侯伯有侯伯之職，子男有子男之職，因其而國授之職，此立國下職也。公食者半，侯伯食者三之一，子男食者四之一，或授地視侯，或授地視伯，或授地視子男，因其爵而與之祿，此以爵分祿也。惟其如是，能遠近舉安，兵寢刑措。孔子曰：近者悅，遠者來。傳曰：兵寢刑措，帝王之極功，非聖德之治乎？昔之得此者堯也，欽若昊天，有此冀方，克明俊德，所以盡三才之用也。百僚師師，庶績咸熙，非正明治物而何？外有州牧侯伯，所以立萬邦之君也。故能使羣后四朝，海隅咸服，衣冠無敢犯之民，干戈有不識之老，非諸侯悅懷，海內來服，獄弭而兵寢乎？求來所以致此者，亦帝德廣運而已。

其次，賢王制禮樂法度，乃作五刑，興甲兵以討不義。

結繩之政，堯舜不能及，衣冠之治，三代不能及，時異世殊，其治安得而同哉？況上古降而中古，聖治雜而賢王，淳澆朴散，又豈可以上古之治而治之乎？此賢王之世，其事所以異於上古也。禮樂法度所以化之也，五刑甲兵所以威之也。賢王非不能寢兵弭刑也，而以五刑甲兵言者，防奸也。非不能正名治物也，而必以禮樂法度言者，文治也。然而堯舜之世，法度彰而禮樂著，非無禮樂法度也。而於賢王，則以制言者，上古之世，中和之性，人皆存之；典憲之制，人皆知之，而禮樂自爾著，法度自爾彰，不待上之人制之而後化也。惟賢王之世，取上古爲莫及，苟不制禮樂，無以導人之中和，不制法度，無以示人之常，皆所以化之也。乃者，繼上之辭也。惟其禮樂法度，有所不能化，然後五刑甲兵用焉。五刑者，墨劓剕宮大辟也。甲兵，兵也。刑法志曰：大刑用甲兵，其次用斧鉞，其次用鞭扑，兵亦刑之大者也。兵刑之用，豈聖人樂爲是，故不得已，而以討不義之人也。賢王之世，豈誠有不義之可討乎？非眞有也，設之以爲備也。言此五刑甲兵，將以討不義也。人知之，則將爲義之歸而無不義者也。非賢王不足以繼文武之治，非文武不足以成太平之治，成周之時，賢王之治也。宗伯掌禮，司樂掌樂，其詳見於六官之所攷者，皆制度也。周之王者制此，將以爲馭人之術也。有大司馬之政，大司寇之刑，皆作之興之，以討不義也。成周之時，未聞以甲兵而討不義，其作之者，所以防於未然也。春秋戰國之義也。成周之時，未聞以甲兵而討不義，其作之者，所以防於未然也。春秋戰國之時，有請觀周樂者，有問周室班爵祿者，禮樂法度之制，於此泯矣。而五刑甲兵之用，無日無之，故踊貴屨賤，鑄鼎作書，魯衛相侵，秦晉齊楚之師，無時不至，諸侯之國，春秋無義戰，信矣。

巡狩省方，會諸侯，考不同。

人君以一身之尊，處九重之邃，垂旒蔽明，安能見萬里之外，黈纊塞耳，安能聽萬事之多。又況南海北海馬牛有不及之風，大邦小邦周戎有不同之紊，人君將欲以周知天下之故，於此有巡狩之禮。孟子曰：巡狩者，巡所守也。巡守之設，豈以略地而爲魯公之如齊乎？省四方，會諸侯，考不同也。先王之時，嘗頒以度量矣，又嘗頒以正朔矣。車則同軌，書則同文，固不容有不同者，得而考之，亦所以防之於不同之先也。巡守之設，有嘗次以設其帷，有虎賁以夾王車，有誦訓，有士訓，有行人，皆人君巡守之禮也。于以省方，則采詩觀民風，內賈觀好惡，記禮所載，是也。狩于東，則會東方之諸侯；狩于南，則會南方之諸侯；諸侯各朝于方岳之下，如書所載，是也。所以省方會諸侯者，將以考不同也。舜之時嘗行是理矣，五載一巡狩，同律度量衡，叶時月，正日，謂之同，謂之叶，蓋所以省方會諸侯而考不同也。成周之君，十有二歲，王乃巡守，而先之以同度量，同數器者，亦將以備王之巡守，而省方會諸侯考不同也。若夫春秋之世，斯禮不講，晉侯召王，夫子恐君臣之禮不如是也。書曰：天王狩于河陽，豈無意乎？

其有失命亂常，背德逆天之時，而危有功之君，徧告于諸侯，彰明有罪，乃告于皇天上帝，日月星辰，禱于后土四海神祇，山川冢社，乃造于先王。

王者之兵，不輕舉也。罰以當其罪，而不濫及也。方其會諸侯以考不同，其間有不同者，是必失命亂常背德逆天之人也。失命者，違上所令也。亂常者，斁其彝倫者也。與夫暴虐以殘民，驕奢以縱欲，皆背德也。淫泊禮典，自用失時，皆逆天也。且夫妨功害能，而危害有功之君，有功之君似可安也，而反違之，斯人也，必與天下共誅之。君者、諸侯也，司馬溫公曰：有民人社稷，通謂之君。合萬國而君之，立法度頒號令，而天下莫敢違，謂之王。惟王者能為天下除其害，故人君亦未之敢私也。蓋師出無名，事故不成，名其為賊，敵乃可服，是以徧告諸侯，欲與同除其所惡，彰明有罪，所以著其惡也。既告諸侯，彰明有罪，而天下之欲誅之者，固已屬望矣，而聖人猶以為未也。又告之天神人鬼地祇。方其在天也，則皇天上帝日月星辰，罔不舉矣。天者、帝之體，帝者、天之用也。日月五星二十八宿，吾從而告之，則在天之神，無不知矣。其在地也，后土神祇山川冢社，無不備舉。四海山川冢社，皆地祇也，而后土為大焉，吾從而告之，則在地之祇，無不知矣。不獨告于上下神祇，而又且造于先王，以陳其罪，使人鬼無不知也。既明其罪，告鬼神祇矣，而始召于諸侯之師，以行其罰。武王伐商，昭告于皇天后土，所過名山大川，載祖木主而行，諸侯會者八百國，正此道也。記曰：征類予上帝，宜于社，造于禰，受命于祖，亦此意也。

然後冢宰徵師于諸侯曰：某國為不道，征之。以某年月日，師至于某國，會天子正刑。

知戰之地，又知戰之日，則可千里而會戰，此兵之常也。天下有道，禮樂征伐自天子出，故惟天子乃可以討有罪，冢宰徵師于諸侯者。冢宰、太宰也，如山之尊，故曰冢宰。冢、大之上也，冢宰以統百官均四海，爲職者也。古者六軍之將，皆六卿也。冢宰則諸官之長也，入爲卿，出爲將，放冢宰召諸侯之師。然雖召其師，彼未知其何往也？故徧告于諸侯曰：某國爲不道，征之；某年某月某日，某師至于某國，蓋欲使之知戰之地，知戰之日，可以某日而會天子。正刑者，明其征伐，自天子戰也，會出非臣下所專。

冢宰與百官，布令於軍曰：入罪人之地，無暴神祇，無行田獵，無毀土功，無燔牆屋，無伐林木，無取六畜禾黍器械，見其老幼，奉歸勿傷，雖遇壯者，不校勿敵，敵若傷之，醫藥歸之。

王者之兵，弔民伐罪，豈以殺伐爲事哉？彼其亂常背德，必其諸侯也，民何罪焉，吾取其渠魁而已，民何愛也，人可安也，殺可止也。於其誓之際，而告以此焉。入罪人之地，無暴其神祇；神祇者，民之所依也。無暴之則神得其所，而獲祐斯民也。無行田獵者，我之所取也；無行之，則物得以遂其生也。土功者，民力之所爲也；無毀土功，則民之力不傷。牆屋，民所安也；毋燔牆屋，則民得保其居。林木，民所植也；毋伐其木，則材木不可勝用。六畜禾黍，民資以爲養；器械，民資以爲用；毋取之，則民足其所養與其所用矣。老幼者所宜愛也，故見其老幼，則奉歸勿傷，此則老吾老以及人之老，幼吾幼以及人之幼也。敵之壯而有力者，不與吾校，吾無得敵之，其有傷於瘡痍，吾則醫而藥之，使得其所，皆此聖人之兵，其熟得而禦之哉？凡此，皆懷柔神民之道也。乃若齊之伐燕，取其旄倪，遷其重器；項羽伐秦，燒其宮室，取其貨寶，又何足以語王者之兵。法曰：無燔人積聚，無壞人宮室，社叢勿伐，降者勿殺，其此意乎？！

既誅有罪，王及諸侯，修正其國，擧賢立明，正復厥職。

兼弱攻昧，推亡固存，王者之師也。有罪者既伏其罪，邦國之事，其可廢而不擧乎？故於已弊則修之，不正則正之，使頹綱復擧，而舊俗推新，於是乎擧賢以爲君，正復其職，而使之復得以治其國也。孟子告齊王，以爲置君而後去，鄭伐許，奉許叔以居許東偏，使此擧賢立明而復其職也。武王克商，反商政之由舊，此修正其國也。式商容立微子，亦擧賢立明也。

王伯之所以治諸侯者六。

有君諸侯之德者，必有制諸侯之法，王伯之德皆足以君諸侯矣，故其所以治之者，必兼是六者用之。且治諸侯者，王者之事，諸侯何與焉。伯、諸侯之長也，爲奉行天子之治，而以治諸侯，故亦得以治諸侯也。衛公曰：成有岐陽之蒐，康有酆宮之朝，穆有塗山之會，齊威有召陵之師，晉文有踐土之盟，六者之法，伯者得無與乎？

以土地形諸侯，以政令平諸侯，以禮信親諸侯，以材力說諸侯，以謀人維諸侯，以兵革服諸侯。

不有以據形便之勢，則無以示天下之强。天子規方千里，以爲甸服，其餘以爲公侯伯子男，苟不壯龍之威，控險固之要，而示以形勢之强，則何以服諸侯哉？高祖都關中，張良謂阻二面，而以一面，東制諸侯，此王者以土地而形之。如周禮曰：制畿封國以正邦國，是也。既形之以土地，則必有政令以平之。蓋諸侯之國，大者連城數十，小者五、六十里，强或得以凌弱，衆或得以暴寡，其不平也久矣，今也有政令以平之，則無不均者焉。故法制一行，而無破此之殊，命令一出，而無南北之異，其平也可知。大司馬掌邦政以佐王平邦國，此王者平諸侯以政令也。齊威葵丘之五令，而使諸侯咸服，此伯者之平諸侯也。既平之矣，復欲有以親之。禮信者所以親諸侯也，朝覲有禮，盟誓有信，所以使之相親也。三年小聘，五年大聘，禮也。復修舊好，請成而還，信也。朝必以春，覲必以秋，宗必以夏，遇必以冬，而存省聘問，亦各有時，皆禮信之所寓也。君子結二國之信，而要之以禮，諸侯其有不親乎？大宗伯以賓禮親邦國，此禮也。齊威不喢血，此信也。乃若天王出狩，周鄭交惡，禮信則忘矣，何親諸侯。若夫材力所顯，則所以悅之也。蓋知所以用其能，斯可以樂其心，人之有能，材力之所自出也。有材力，而上不用，則其意有所未愜。有材能，而上用之，則人得以盡其所長。邦國之間，喜之悅之，以其能之有所施也。傳曰：有功見知則悅矣。用大夫曰：我周之東遷，晉鄭焉依，是亦欲有以悅之也。以謀人維諸侯者，謀人者乃有謀之人，如泰誓所謂今之謀人，古之謀人也，取其有智也。取其有智也，牧監是也。於諸侯之上，而擇一有謀人，以爲之牧監，則諸侯之勢，有所統屬而不散。惟設謀人以維之，故齊楚無南北之分，許鄭無東西之別，其情交情密，有不可得而離者矣。禮曰：建牧立監以維邦國，此也。既維之矣，而有不循理者，則兵革之所加，終之以兵革服諸侯。蓋天下之人，善惡常相半，而賢不肖雜處乎其中，王伯之治，信可以治矣。其間有不可治者，其可無以服之乎？兵革之用，所以嚴之也，如周禮九伐之法正邦國，是也。而齊人之於楚，亦曰：昔周公命我太公曰：五侯九伯，女實征之，以夾輔王室，此王伯之治也。是六老不容無先後之序，始而土地形之而有其國矣，必平之以法令。既平矣，無以親之，則無以叶其心，故有禮信以親之。既親之矣，而其才力可任者，又當有以悅之。既悅之，又以謀人維之，使知所聯屬。五者既備，亦足以治矣，而王伯猶以爲未也，尙恐有不服者，又有兵革以防之焉，故終之以兵革服諸侯。

同患同利以合諸侯，比小事大以和諸侯。

有以一好惡之心，則邦國可得而叶；有以通彼此之情，則邦國可得而諧，蓋所欲與聚，所惡與去，然後無不合矣。尊者統卑，卑者從長，然後無不和矣。今夫胡越之人，同舟遇風，可使相救，此合之之意也。和羹之法，鹽梅必欲相得，此和之之意也。合則兩相合而已，和則無所不合焉，此和合之分也。衛爲狄所滅，是患可同也。齊封之楚邱，蓋所以同其利也。邢爲狄所滅，而患亦可同也。齊遷之夷儀，又所以同其利也，其於合諸侯也何有？鄭之善事晉楚，事大也；楚之許成于鄭，比小也，其於和諸侯也何有？乃若荊伐隨敗秦，而諸侯莫之救，惡在其爲同患，齊人使盡東其畝，烏在其爲同利，諸侯之不合，爲有由矣，邾小國也，而侵齊烏在其爲事大。齊、大國也，而滅譚，烏在其爲比小。諸侯之不和，亦有由矣。

會之以發禁者九，憑弱犯寡則眚之，賊賢害民則伐之，暴內陵外則壇之，野荒民散則削之，負固不服則侵之，賊殺其親則正之，放弒其君則殘之，犯令陵政則絕之，外內亂、禽獸行，則滅之。

先王防諸侯也至，故其戒諸侯也嚴且備也。先王之時，四方其訓，百辟其刑，諸侯率由典常，豈容有輕犯上之禁哉？無有也。無有是事而發是書，果何意哉？爲之備，以防之於未然之前也。防之既至，則諸侯必無敢犯之者。九禁之法，何時而發之？當其會諸侯之時而發之。時見曰會，則會者以時而見也。廣行人時會以發諸侯之禁者，此也。諸侯有憑弱犯寡者則眚之。蓋先王之時，建國有小大，分民有衆寡，未嘗不欲比小事大以和之也。今也或恃其力之強，而憑淩於弱者；恃民之衆，而侵犯于寡者，吾從而正之，則曰眚。眚者、瘦也，災也。黜其爵命，削其土地，如人之瘦焉，故曰災。督可與共治，民可與共守，今不能用賢而反賊之，不能愛民而反害之。如欲正之則有伐，伐如伐木焉，伐而去之也。左氏曰：凡師有鐘鼓曰伐，此伐之意也。暴內則賊賢害民，陵外則憑弱犯寡也。一之爲甚，可再乎？諸侯有此二者，則會諸侯爲壇，明揚其罪以伐之。鄭氏釋周禮，以壇爲墠，遂舉記曰：出其君，置之空墠以明之。野荒者、地不治也，民散者、民不安其居也。夫土廣而任，則國富民衆，而制則國治。今也有曠土，有游民，故削之，削者、削其地以貶之也。若夫負固不服，則有山川城池之固，負此而不服，如苗氏之左洞庭右彭蠡，而有不率之罪，可不加兵以侵之乎？傳曰：無鐘鼓曰侵，侵者侵其地，未至於伐也。柳宗元作侵伐論，舉春秋侵伐之說，舉周禮侵伐之說，所謂伐者，聲其惡於天下也；所謂侵者，獨以其負固不服而違王命也，其過惡未至於暴白於天下。伐者、爲人之舉公也，侵者、爲制命之舉私也。以自賊殺其親，放弒其君，又其惡之大者也。未有仁而遺其親，未有義而後其君，親所當愛也，而賊殺之，如衛侯之殺弟，鄭伯之克段，皆不能親之也。君所當尊也，而放殺之，如崔杼之弒，楚人之弒，皆不能尊之也，故必有以正其罪。害之殘之，所以除之也。若夫犯令陵政，不服王化者也，故從而絕之。內外亂，鳥獸行，則是不可與於人也，故夷滅之，使不復齒於人。是九者，致周禮九伐之法，略無少異，名其書曰司馬法，豈不宜哉?!

天子之義

天子之義，必純取法天地，而觀於先聖。士庶之義，必奉於父母，而正於君長。

尊卑異分，小大殊事，尊莫尊于天子，則天子之事，取其大者焉。卑莫卑於庶人，則庶人之事，取其小者焉。取法天地，觀先聖，天子之義，尊者取其大也。奉父母，正於君長，庶人之義，卑者取其小也。事得其宜之謂義，尊而天子必有義焉，仰則觀象于天，俯則觀法于地，中則觀道于先聖，兼三才而効之者，蓋以君子輔相天地之宜，裁成天地之道，則取法天地者，宜矣。鑒于先王成憲，其永無愆，則觀于先聖，宜矣。易曰：法象莫大乎天地。傳曰：率由舊章，此天子之義也。堯舜垂衣裳而天下治，蓋取諸乾坤，是法天地也。若稽古，是觀於先聖也。三略有之：聖人體天，賢者法地，智者師古，又何其區別哉？合而言之也。卑而士庶，亦有義焉，其所以爲事之義者，奉於父母，而正於君長也。蓋人無父何怙，無母何恃，此士庶之所當奉也。非長不治，非長不教，此士庶之所當取正也。未有仁而遺其親，未有義而後其君，則士庶之於父母君長，所不可後也。詩曰：父兮生我，母兮鞠我，得無以順之乎?!書曰：天佑下民，作之君，作之師，是則君長其可不取正之乎?!

故雖有明君，士不先教，不可用也。

有國必有兵，有兵必有教，戒備不虞，太平之世也。然不教民戰，是謂殃民，仁人之兵，豈以殃民哉？教之於其初，而以待有警之用也。故君雖明矣，而教不素行，則民不知戰，其可用乎？昔者昭義步兵，雄邊子弟，在當時之教，爲如何？此特一時之事也。而況於明君乎？成周之時，大司馬之職，四時之教，亦以致意於此也。是以雖有明君，士不素教，不可用也，後周世宗其於兵也，練選有法，教導有術，率之征伐四方，士卒精強莫之敢當者，以教之素也。乃若穆宗時朱賊之變，唐宗乃率市人而與之戰，其殃也爲如何？是烏足與語明君之世。

古之教民，必立貴賤之倫經，使不相陵

兩貴不能以相事，兩賤不能以相使，無君子莫治野人，無野人莫養君子，二者角立，又烏有陵犯之變哉？且天尊地卑，自兩儀既奠之後，而貴賤之勢，已立乎其中。然民之蚩蚩，教然後知其所以教之也。必先立貴賤之倫經，使之不相侵犯，則天下以無事而治矣。倫、類也，立之倫一定而不易。經、常也，立之經有常而不亂。且以軍法觀之，必有大將，有左右將，有偏裨，有師伯，而又有長正卒伍，而貴者役賤，賤者役於貴，而毋或陵犯，此古之教也。

德義不相踰，材技不相掩，勇力不相犯，故力同而意和也。

事有出於相似，而其實不能無間者，不可不卞也。不有以卞之則得以相奪而無別矣，紫之亂朱，鄭之亂雅，莠之亂苗，此易卞也。德義、材技、勇力，此其所難卞者焉。一淺一深，一精一粗之間耳。德者，本乎已者也。義則臨敵度宜而已，未至於德也。三略曰：德者，人之所得，義者，人之所宜，德義之間一間耳，故易至於相踰，必有以別之，故不能相踰。踰，如卑踰尊疏踰戚之踰同，踰有踰越之義焉。材，人有能者也。技，則一藝之長而已，未至於材也。傳曰：任官惟賢材。又曰：人之有技，材技之間，亦一間耳，故易至於相掩，有以別之，故不能以相掩。掩有掩蔽之義，如曰掩人之過之掩同。勇果於有爲也，力則一夫之强耳，孟軻於義，此勇也。力如烏獲，此力也。勇力相同，易以相犯，故有以卞之，而後不至相犯。有陵犯之心，如好犯上之犯同。三者既一不相紊，故力同意和，而無少乖戾也。

古者國容不入軍，軍容不入國，故德義不相踰。

國尚德，軍尚義，軍容入國，是義踰於德，其失也剛。國容入軍，是德踰於義，其失也弱。內外有異儀，國有國之容，軍有軍之容，國容不可以入軍，猶軍容之不可以入國。國主仁柔，軍主威武，二者其可以相犯乎？惟軍國之容，不得以相犯，此德義所以不相踰也。保氏以六儀教國子，有曰朝廷之容，軍旅之容。而法亦曰：國容入軍則民德弱，軍容入國則民德廢，兩者各有所別，德義安得而相踰。

上貴不伐之士。不伐之士，上之器也，若不伐則無求，無求則不爭。國中之聽，必得其情，軍旅之聽，必得其宜，故材技不相掩。

人惟不伐，則無求勝人之心。苟有所矜夸，而務有相勝焉，則必文其所不能，飾其所未有，以求掩人之才，何所不至也。哀公二年，勇戰之戰，晉敗鄭，簡子曰：吾伏彀嘔血，鼓音不衰，今日我上也。太子曰：吾救主于車，退敵于下，我右之上也。鄭良曰，我兩靷將絕，我能止之，我御之上也。夫既爭以爲上，則勇夸其勇，力者矜其力，而求以掩人之功，此陵犯之風所由起。今也，以不伐之士而貴之，不伐之士，上之所重也，故曰器。人苟不伐則無所求，無所求；則無所爭。國中之聽，論功也；軍旅之聽，亦論功也，不獨謂聽論也。聽論功于國中，必得其情者，如漢高論功，以蕭何爲第一，太宗論功，以房杜居其首，此爲得其情也。聽于軍旅，則如太宗論仁貴之功，則立賜之金，光弼擒周贄而賜戰者之絹，斬不戰者也。如此，則勇力豈得而相犯乎哉？成公二年，郤伯見晉侯，公曰：子之力也夫？曰：君之訓也，二、三子之力也，臣何力之有焉。范叔見，勞之如郤伯。對曰：庚所命也，克之制也，爕何力之有焉。欒伯見，公亦如之。對曰：爕之詔也，士用命也，書何力焉，苟如此，烏有勇力而相犯者乎？！

從命爲士上賞，犯命爲士上戮，故勇力不相犯。

昔吳起與秦戰，未合，有一夫不勝其勇，前獲雙首而還，吳起立斬之。軍士曰：此材士也。起曰：非吾令也，遂斬之。人惟不知令，而惟己之欲爲，此所以相犯也。今以從命而爲上賞，犯命爲上戮，則勇者不得以獨進，力者不得以强爭，故不相犯，三麾至地，諸軍爭奮，周麾而呼，鄭師畢登，此從命者也。若夫彘子以偏師陷，二子各以其私往，其犯命爲如何？既犯命矣，勇力烏得而不相犯乎？！

既致教其民，然後謹選而使之。

天下未嘗無不可用之人，特在上之人，教之未至也。教之既至，揀之又精，何人之不可用哉？善觸莫如牛，置之輪衡，可使之耕。善蹄莫如馬，設之啣勒，可使之馭。物且然爾，況於人乎？是以古人既致教其民矣，然後謹選而使之。吳子曰：揀募良材。尉繚子曰教成試之以閱。閱者、簡閱也，簡而閱之，謹選而使之，揀士之意也。晉彼瀘之蒐，作三軍，謀元帥，此意也。不然，魯冬大閱，君子何以曰簡車馬也。

事極脩則官給矣，教極省則民興良矣，習慣成則民體俗矣，教化之至也。

凡三軍之所寓者，既無有不善，則臣民之寓於兵者，同歸于治矣。事極其脩則百官給者，餽糧之任，器械之司，法算之職，天地之官，各極其脩，而各司其事，然後可以共其所用也。教極省則，民興良者，金鼓之節，旌旗之度，奇正之術，作坐進退之令，皆極省約而後民興於善。習慣成則民體俗者，習而慣熟，手便擊刺，足便馳逐，舟車利進止節。凡事出於所習，無不如自然，故民與俗相體矣。成周之時，若作民而師田行役，則各治其事，此事極修也。四時有時田之教，此教極省也。至於以俗教安而民不偷，則習慣成也。此非教化之極其至，烏能至此。

古者逐奔不遠，縱綏不及；不遠則難誘，不及則難陷。

戰謹進止法嘗言矣，以教坐作進退，疾除疏數之節，周禮有是法矣。夫或者欲民知節也。逐奔北之師，不得遠追，遠追則爲人所誘。縱其車綏，不得及之，及則爲人所陷。今也逐奔不遠而難誘，縱綏不及而難陷，此節制之師也。法前言，逐奔不過百步，縱綏不過三舍，是以明其禮也。禮節民心者也。杜預注秦晉河曲之戰，言之詳矣。

以禮爲固，以仁爲勝；既勝之後，其教可復，是以君子貴之也。

事有可以行之一時者，有可以行之千萬世而不可易者。行之一時者術也，行之千萬世者道也，道也者，固在於禮。勝在於仁，是以道化民也。化之以道，而不事權譎之事，豈徒一戰而止，雖千百戰用之可也。此既勝之後，其教可復也。復者，再用也。以禮爲固者，禮可以檢束，周旋動容無敢少違焉，而又名分之所在，爲不可犯，則其固爲如何？傳曰：有禮則安，又曰：有禮則存。曰安、曰存，固之之說也。此所以少長有禮，晉侯知其民之可用，魯秉周禮，齊人所以不敢加兵，以禮爲固也。文公大蒐而示之禮，亦此意也。周禮以軍禮同邦國，皆此意也。以仁爲勝者，仁則能愛人者，人當愛之，視卒如愛子，可與之俱死。而又仁人之兵，如時雨降，將俯伏歸從之不暇，又何敢敵者哉?!傳曰：仁者無敵，又曰：節制不可以敵仁義，則仁之爲勝也如何?湯之克寬克仁而克夏，武之發政施仁克商，則仁之爲勝也可知。齊威之遺衣遺食，謂此也。而穰苴、吳起所以勝敵者，亦此也。禮以爲固，仁以爲勝，可以勝也，其教可以復行也。不獨一戰用之，百戰用之可也；不獨百戰用之，雖千萬戰用之可也，其教之也，不獨教之於今日，雖千百載行之可也。夫如是，安得君子不貴之哉?貴之者，非貴其戰而勝也，謂其禮仁之可以教民也。禮仁者，人心之所同然者，因其所同然而教之，不拂人心，則君子又安得而不貴哉?!

有虞氏戒於國中，欲民體其命也；夏后氏誓於軍中，欲民先成其慮也；殷誓於軍門之外，欲民先意以待事也；周將交刃而誓之，以致民志也。

世有先後，故人有淳澆，人有淳澆，故命有煩簡，則其所以告之以戰事者，亦不可得而同也。故有虞氏戒於國中，夏誓于軍中，商誓於軍門外，周將刃交而誓之，不無異也。古人曰：誓誥不及五帝，盟詛不及三王，故虞無誓，夏商周無詛，戒于國中，有虞之世也。戒者、勑之以事，誓則折之以言，虞戒於國中，民未甚澆也。故欲民體上之命，體而行之，斯足矣。夏誓于軍中，戒不可以勑之，故及于軍中，而誓之焉，民漸澆也。欲俾民先成其己之慮，以爲自備之術也。商誓於軍門之外者，軍行之誓不足以告之，故於門外又誓之焉，民愈澆也。欲使民先成其意，而以待戰事也，待敵之術也。周將交刃而誓之，則門外之誓，又不可以盡告也。故又於交刃而誓之，以其丁寧告諭，亦已煩矣，蓋欲其民志之致一也。戒哉之戒，戒于中國也。商誓於師，誓於軍中也。湯於鳴條之野，格衆而誓之軍門之外也。武王左仗黃鉞，右秉白旄，以麾予其誓，亦刃之時也。若夫志出於意，意出於慮，慮出於心而體，則體而行之，無俟於志與慮，此又不可不卞。

夏后氏正其德也，未用兵之刃，故其兵不雜。殷義也，始用兵之刃矣。周力也，盡用兵之刃矣。

周之君，非不能爲商之治，商之治又豈不能爲夏之事哉？時異事異，日漸以澆也。夏后氏之世，去堯舜爲未遠，以德正之，故兵雖用，而不用其刃，故兵不雜。雜、多也，揚子曰：人病以多知爲雜。有苗之役，嗣侯之征，曷嘗有殺傷戰鬭之患哉？征之而已。征之爲言正也。及湯之世，以義制事，故十一征，自葛載，始用兵之刄矣。至於武王之時，及降之以力，而兵之刄盡用之矣。我武惟揚，殺伐用張，于湯有光，非盡用兵之刄乎？所遭之時既異，所用之戰亦異也。

夏賞於朝，貴善也。殷戮於市，威不善也。周賞於朝，戮於市，勸君子，懼小人也。三王章其德一也。

賞罰之用，非美政也，勸以其所可爲，而戒之以其所不爲也。使三軍之衆，上自將帥，下逮士伍，從上之命，成天之功，而無敢違者。則亦無可勸者，何賞之有，無可懲者，何罰之有。是以上古之世，賞無所用，罰無所試，而有不賞而勸，不罰而懲者矣。三代以來，賞罰之用，所以爲勸懲之權也。故古者爵人于朝，與衆共之，刑人于市，與衆弃之，欲賞罰之公且明也。夏賞于朝，所貴者善；商戮于市，所威者不善也。夫夏豈不用罰，而商獨無可賞之人乎？曰：不然。夏去唐虞爲未遠，故特用賞以貴其善。商承夏桀之餘，非罰不可以懲惡，故用罰以威不善。若夫周之時，紂之善猶未盡去，而文武之化已行，是善惡相半，而君子小人相有也。不賞於朝，何以勸君子，不罰於市，何以懼小人，此賞罰之所以並用也。雖然，賞罰不可以獨用也久矣，一於賞則太寬，寬則民慢；一於罰則太猛，猛則殘，其可獨用乎？書曰：用命賞于祖，不用命戮于社，甘之誓也。予其大賚汝，予則孥戮汝，湯之誓也。功多有厚賞，弗迪有顯戮，牧之誓也。穰苴之言，又何所取乎？意者取其時而言之也。故或一於賞，或一於罰，或兼而用之，三王之心，要在章其德也。章、顯而明也。夏賞以貴善，貴其有德也。商戮以威不善，使之反而歸於德也。周勸君子而懼小人，使君子常其德，而小人畏而服於德也。三王所以用賞罰雖殊，而所以章其德則一也。楊子曰：三代咸有顯德，庸有異乎？穰苴論三代賞罰，如此其異，以書考之，又有可言者。甘誓曰：用命賞於祖，弗用命戮于社，夏豈不用罰乎?！湯誓曰：予其大賚汝，予則孥戮汝，商豈不用賞乎?!穰苴必分言者，蓋夏之時，罰少而賞多，故特言賞；商之時罰多而賞少，故特言罰。

兵不雜則不利，長兵以衛，短兵以守。太長則難犯，太短則不及。太輕則銳，銳則易亂。太重則鈍，鈍則不濟。

法曰：弓矢禦，殳矛守，戈戟助，五兵五當，長以衛短，短以救長，迭戰則久，皆戰則强，是則兵不雜則不得其利矣。雜，多也。長兵以衛，卽禮所謂攻國之兵欲長。短兵以守，卽禮所謂守國之兵欲短。凡兵者，毋過三其身，過三其身，則不能用也，是太長則難用矣。難犯者，難用也。太短則難刺矣。不及者，刺之不及也。太輕則銳疾而易舉，故不能持重而易亂。太重則遲鈍而難發，故不能疾進，何以濟事，皆非兵之至善也。語曰：工欲善其事，必先利其器。況兵者，國之大事，其可不度其長短，與其輕重，而使適於用乎?此取用於國，兵法之所先也。

戎車，夏后氏曰鉤車，先正也。殷曰寅車，先疾也。周曰元戎，先良也。

戎車，兵車也。書曰：戎車三百兩。詩曰：戎車既安，此戎車也。故周禮有戎右，有戎僕，皆主兵車者也。夏后氏以勾者，謂其勢勾曲，要其意以正從橫束部曲爲先也。玉藻曰：鉤車，夏后氏之車也。或曰：夏后氏先正其德，未用兵刃，先自正而已。商曰寅車者，蓋一歲之首，以寅爲先，則寅有先疾之義焉，商之兵車，必曰寅車者，疾於致用爲先也。周曰元戎者，元者善之長也，仁善爲元，元爲大善，周人尚輿，其制爲甚善，故以元爲先，詩曰：元戎十乘，以先啓行，則是取其先良也，皆時異制異也。

旂，夏后氏玄首，人之執也。殷白，天之義也。周黃，地之道也。

詩曰：言觀其旂，旂旐央央。蓋旂者，車飾也。有車無旂，何以爲文。故周禮有巾車，必有司常，言車旂，必相爲用也。旂之制，旌首而飾以鈴者，是也。夏以黑爲首，所以明人之執，夏之德水，故以黑色也。商以白，所以致天之義也，商之德金，故以白。周以黃，所以明地道也，周德土，故以黃。人謂之執，以其有禮也。夫謂之義，以其白爲義也。至於黃，中也，故以道言之。

章，夏后氏以日月，尙明也。殷以虎，尙威也。周以龍，尙文也。

章者，績之於旂，以章明之也。記曰：龍章而設日月，此章之制也。夏后氏以日月，尙明也。蓋明德自虞舜始，禹繼之而有天下，故亦尙明德焉。殷以虎，尙威也。蓋商戮于市，以威爲尙，故畫虎。周監于二代，郁郁乎文哉，故尙文。文以龍也，龍而曰文，則知虎之爲威矣。以禮考之，日月爲常，則周之制，亦尙明也。熊虎爲旂，則周之制，亦尙威也。而禳苴所言，各以其時之所尙者言之耳。

師多務威則民詘，少威則民不勝。

軍旅之事，貴乎能剛能柔。一於太剛則暴，一於太柔則懦。多威而剛，如火之熱，人望而畏之。少威而柔，如水之弱，人狎而玩之。多威則刑罰至於不中，故民詘而無所措手足。少則民慢其上，故民弗勝，而不知有長上矣。

上使民不得其義，百姓不得其敍，技用不得其利，牛馬不得其任，有司陵之，此謂多威。多威則民詘。上不尊德而任詐慝，不尊道而任勇力，不貴用命而貴犯命，不貴善行而貴暴行，陵之有司，此謂少威；少威則民不勝。軍旅以舒爲主，舒則民力足，雖交兵致刃，徒不趨，車不馳，逐奔不踰列。是以以不亂軍旋之固，不失行列之政，不絕人馬之力，遲速不過誠命。

傳曰：使民以時，又曰：其使民也義，是使民欲得其義也。易曰：卑高以陳，貴賤位矣，是百姓必有其敍也。法曰：因其所能，是技用必欲得其利也。法曰：無絕人馬之力，是牛馬必欲得其任也。今也使民不以義，則必竭民之力，妨農之時，百官不得其敍，則必以卑踰尊，以小加大。技用不得其利，則必違人所長，貴人所短，牛馬不得其任，則牛必猶後，馬必契需，民之從事於斯者，皆無所望其功，而爲有司者，又從而陵虐之，此非多威乎？多威則民畏，宜其力詘而不可用也。老子曰：萬物尊道而貴德，是道與德皆可尊也。今不尊德而信詐慝，是詐可尊而德可下也。斯人也，將以詐而罔上矣。不尊道而任勇力，是勇力爲上而道爲下也，徒以暴而陵上矣。從命爲士上賞，犯命爲士上戮，是從命者在所貴也。今不貴用命，而貴犯命，則三麾至地，人必不進，號令未明，勇必獨前，何以用衆乎？賞不踰時，欲民速得爲善之利，罰不遷列，欲民速知爲不善之害，是善爲可貴也。今不貴善行，而貴暴行，則人將以善爲無益，以惡爲無傷。以惡爲無傷，何以勸人乎。此無他，上無以師之，故下必陵於有司矣，故少威。少威則軍勢不振，故不勝。多威不可也，少威亦不可也，然則如之何哉？剛柔之中，而以舒爲主，舒則寬緩溫和，不失之剛，不失之柔，而民自足矣，又安有不勝者乎?!法曰：舒其氣以爲主，亦舒之意也。夫如是，雖交兵致刃，無不可用者矣。蓋制先定則士不亂，徒不得趨而得徒之制，車不得馳，而是以節制自固也。行列不失其正，是以進止爲政也。人馬之力不絕，是人馬不勞也。或退或速，惟誥命是從，而不敢自爲疏數者，皆舒之所由致也。

古者國容不入軍，軍容不入國。軍容入國，則民德廢。國容入軍，則民德弱。故在國言文

而語溫，在朝恭以遜，修己以待人，不召不至，不問不言，難進易退。在軍抗而立，在行遂而果，介者不拜，兵車不式，城上不趨，危事不齒。

軍國之容，不可以相人，法言之詳矣。苟軍容入國，則民德弛而不修。國容入軍，則民德弱而不振。夫子之在鄉黨，恂恂如也。其在朝廷，便便言，惟謹耳。至於費人之叛，則勃然而正之；萊人之劫，則作色以斥之，亦以軍國異容也。玉藻曰：朝廷濟濟翔翔，足容重，手容恭，目容端，國容止，氣容肅，立容德，色容莊，戎容暨暨，言容詻詻，色容厲肅，視容清明，立容卞，此亦軍國之容不同也。是以在國之時，直言其事，則文而不野，卞難其事，則溫而不暴，此正夫子恂恂便便之意也。朝廷以敬爲主，故能相遜，如羣后德遜，是也。在我者能自飭，而後可以待人，所謂反諸己者，是也。士貴自重，不可以輕進，故不召則不至，苟有君命召，則不俟駕行矣。一言之失，駟馬難追，故不問不言，蓋不可以言而言，是以言餂之也。見可而後進，其進也難；不得其言則去，其退也易。伯夷、太公避紂海濱，其退豈不易，必待文王善養老而後歸之，非難乎，皆在國之事也。若夫軍旅之中，則不然。其在軍也，抗然而立，與夫言文而語溫者異矣。其在行列也，遂而果毅，與夫恭而遜老異矣。介而不拜，恐己有所屈也。車上不式，恐禮有所損也。城上不趨，恐其惑衆也。當危難之際，壯者前，老者復，不必以齒爲序，當以制敵爲宜，軍旅之事當然也。

故禮與法，表裏也。文與武，左右也。

教之以立德，則禮居其先，是兵不可無禮也。校之以計，法令處其一，是兵不可無法也。禮與法，相須以爲用也。卞安危，審列害，非文不可。捍大患，禦大侮，非武不可。文與武相輔而爲用也。傳曰：皮之不存，毛將安在，如表裏相須，不可或廢也如此。傳曰：如釋左右手，則左右相輔，不可或闕也如此。是必以禮而表，以法而裏，文以左之，武以右之，然後可也。傳曰：禮法王教之大端，況用兵之時，必欲進退有節，號令申明，其可無禮法以爲表裏乎？又曰：威武文德之輔助，以兵爲用，欲籌算必審，聲威必揚，其可無文武以爲左右乎？一說，主馭將，不可無禮法；將馭軍，不可無文武。

古者賢王明民之德，盡民之善，故無廢德，無簡民，賞無所生，罰無所試，有虞氏不賞不罰，而民可用，至德也。夏賞而不罰，至教也。殷罰而不賞，至威也。周以賞罰，德衰也。

官人得所任賢，法言之矣，則人之有德者，不可以不明也。堯之克明峻德，湯之德懋懋官，皆所以明人之德也。能用善人，國之寶也，傳言之矣，則人之有善者，不可不盡用也。周官有廉善之法，孔子有舉善之言，皆所以盡人之善也。德明則人皆樂德，無廢而不脩者矣。善盡則人皆好善，而無簡忽怠慢者矣。民既知作德而遷善，則不特刑措也，賞亦措也。賞措則天下有不可勝賞者矣，賞何自而生乎？刑措則天下無敢犯之者，罰何自而試乎？此有道之世，至治之極也。有虞之世，以黎民則於變，以比屋則可封，遷善遠罪之徒，日不自知，故不待賞罰，而民可用。是以不賞而民勸，不罰而民畏，荀卿嘗言於堯矣。而舜實行其道，襲其爵，亦不用賞罰焉。傳美之曰：雖甚盛德，蔑以加此，非至德而何？及夏繼有虞，相守一道，其風俗尙淳，其德教尙著，天下之人，善者多，惡者少，故賞而不罰。法曰：夏賞于朝貴善也，亦賞而不罰之意，此教化之至也。故書曰：文命敷于四海，非至教而何？及夏之季，商之興，舊染之俗未盡去，爲惡者多，爲善者暴，非獨罰，不足以威之。法曰：商戮于市，威不善也，其謂此與?!昔商周之交，文武之民雖好善，而幽厲之民尤好暴，善惡相半，賞罰其可偏廢乎？故民亦待賞而後勸，必待罰而後懲，民德之衰，自此治矣。法曰：賞于朝，戮于市，勸君子而懼小人，是也。大抵三王之道，若循環然，或賞而不罰，或罰而不賞，或賞罰並行，非固不同，亦各因其俗而已。

賞不踰時，欲民速得為善之利也。罰不遷列，欲民速覩為不善之害也。

有功見知，臣下所以悅；有罪不誅，天下何自化，是以善馭衆者以賞罰於先。行賞則者，以必信為上。功有可賞，必當如太宗之立賜金，光弼之立賜絹，使無改其時。彼見其有功者必賞，豈不知為善獲利之乎？罪有可誅，必當如吳起之立斬者，光弼之立斬退者，使無移其列。彼見其有罪者誅，豈不知為惡被害之速乎？若然，則遷善遠罪者，往往皆是，殆有不可勝賞者矣，罰何所施乎？噫！信賞必罰，宣帝以是而中興，況用兵乎？

大善不賞，上下皆不伐善。上苟不伐善，則不驕矣；下苟不伐善，則亡等矣；上下不伐善若此，讓之至也。大敗不誅，上下皆以不善在己。上苟以不善在己，必悔其過；下苟以不善在己，必遠其罪；上下分惡若此，讓之至也。

三軍大捷，有功者非一人，大捷而必以賞，則舉天下之物，不足以充其賞，必有拔劍而擊，投袂而起者矣。法曰：得車十乘，賞其先得者矣。十乘之得，猶不可以偏賞，況三軍大捷，其可偏賞乎？故上下皆不伐善。上而不罰，則不可以功而驕，下而不伐，則不以功而爭其上，所以為遜之至，晉六卿相遜正謂此也。若其不幸而三軍皆敗，有罪者非一人，大敗必罰，則能三軍之衆，不可勝誅，必至血流川谷，肉塡原野而後已。法曰：罰貴小，是人不可以盡罰也。況三軍大敗，其可偏罰乎？惟其不罰，故上下皆以不善歸己。上以不善歸己，則必能揖遜；下以不善歸己，則必能遠罪。上下皆以不善歸己，所以爲遜之至。孟明視三敗而自歸咎，其能以不善歸己也。

古者戍兵三年不興，覩民之勞也。上下相報若此，和之至也。得意則愷歌，示喜也。偃伯靈臺，答民之勞，示休也。

遣兵屯戍，皆有期也。傳曰：瓜時而往，及瓜而代，是戍兵必有代者也。古者戍兵三年之久，不興外役者，所以見民之勞也。蓋戍兵不過屯于邊境以備敵人而已，不可以他復勞也。文王之時，采薇以遣戍役，出車以勞還師，杕杜以勤歸，皆所以覩其勞也。上以此而施乎下，下以此而報乎上，一施一報，非和之至而何？謂之和之至，言其甚和也，及其戰勝而得意愷歌。禮曰：王師大獻，則奏愷樂。法曰：天下既平，天下大愷，則得意而奏愷者，欲與上下同其喜也。古者有虎符以召兵，有牙璋以起軍旅，則伯者亦豈軍之一物，帥師之節也。今而偃伯于靈臺之上，所以答民之勞而與之休息也。文王之時，民樂有靈德，故名臺曰靈臺，後世因其名而用之，亦曰靈臺。僖公十三年，秦伯會晉侯于靈臺；哀公二十五年，衛侯爲靈臺。是臺也，天子有之，諸侯亦有之。靈臺之名，一則取其高而可以徧觀也，一則取其德之靈也。若孫子教戰，與王自臺上觀之，李靖曰：陛下臨高而觀之，無施而不可。則靈臺者，主將所登以觀兵也。今天下既平，偃伯於是以之勞，與民休息，得無意乎？

定爵

凡戰，定爵位，著功罪，收遊士，申教詔，訊厥衆，求厥技。

爵有小大，位有尊卑，先王之治天下，列爵爲五；公一位，侯一位，伯一位，子男同一位，此諸侯之爵位也。以軍旅之際，大而將帥，次而偏裨，下而什伍之長，其爵亦不同也。是以韓信羞與灌嬰伍，黃忠固非張比，其可無以先定乎？有功者加地進律。有罪者削地黜爵，此先王所以馭羣吏也。況軍旅之中，功過相半，必有以示之勸懲也。是以許歷有功用爲國校，李廣獲罪贖爲庶人，非功罪之著乎？遊說之士，能騰頌於諸侯之間，使其君臣相疎。斯人也，吾當收而用之，如晉用楚材，漢用項虜，是也。教詔者，天子之所出，吾能申之，則有以感士卒之心。如李晟受命之後，兵令一下，而士皆雪泣，非能申教詔乎？或謂軍之教詔，不可不三令五申。然將軍之令，不可謂之詔，謂之詔則天子也。訊厥衆求厥技者，堯咨四岳，舜闢四長，人君用人之道，未必不詢之衆而得之者。況用兵之際，才技之人，沒於行伍者，不可勝數，苟非訊之於衆，何以得其才乎？昔高祖問張良，今欲捐關以東，誰其可與共力者？良曰：九江王布，楚梟將，與項王有隙，彭越與齊王田榮反齊地，此二人可使。而漢將韓信可屬大事，使當一面，豈非訊衆而得其才乎？

方慮極物，變嫌推疑，養力索巧，因心之動。

人無遺謀，然後事無隱情。夫將以一人之身，而萬事還至，其將何力以給之。是必多爲之慮，則謀無或遺矣。事物雖多，吾得而極之，又何隱之有，此光武之沉幾先物，所以莫與之敵。人心欲安，有嫌疑則不安矣，寇賈之嫌亦久矣，而光武分之，非能變之乎？巫覡之疑亦甚矣，而黃石公令禁之，非推之乎？或曰衆中有嫌者爲之變，亦通。變嫌推疑，既可以安人之心，而巧力所求，欲其豫。兵以力勝，養之不可不深；事以巧成，索之不可不至。王翦伐荊，必待投石超距而後用之；王伯伐茂建，必待斷髮請戰而後用之，此皆巧力之可用也。養其力則勇者有願戰之心，索其巧則機者有從戰之心，因其欲動而用之，可謂舉而不迷，動而不窮也。三略曰：因其至情而用之，此兵之微權也，其是之謂與？

凡戰，固衆相利，治亂進止，服正成恥，約慶省罰，小罪乃殺；小罪殺，大罪因。

用兵之道，莫難于用衆，尋邑百萬而敗于光武，苻堅以百萬而敗于謝玄，此用兵所以欲固也。欲固衆者，必相地利以處之而後可也。或曰：固衆之法，必欲使上下相救，左右相助，而爲利也，衆固欲固矣，然法又曰：用寡固者，何也？蓋衆寡雖有異，人而其爲固，則一而已，此所以亦欲其固也。衆所在，易至於亂，必有以治之。戰者人之所長，易至於止，吾必有以進之。如亞夫堅臥不起，是能治亂也。范蠡援桴進兵，是能進止也。子帥以正，孰敢不正，必服行吾之正而後可用。不恥不若人，何若人有，必成其恥心，然後可用。能正則可使諠譁者有誅，亂行者有戮。成恥則人必寧爲榮死，無爲辱生。人心若此，何戰不克。約慶省罰者，蓋數賞者窘也，數罰者困也。慶賞貴約而不煩，刑罰貴省而不濫。賞約則人無覬覦之心，罰省則刑無濫及之過矣。人有小罪，苟勝而過之，不至於懲，則大罪必因此而作矣。傳曰：圖難於其易，爲大於其細，亦此意也。或曰：勝殘去殺之勝，謂人有小罪者，既勝而去之，則大罪者亦因是者滅矣。

順天，阜財，懌衆，利地，右兵，是謂五慮。順天奉時，阜財因敵，懌衆勉若，利地守隘阻，右兵弓矢禦，殳矛守，戈戟助。凡五兵五當，長以衛短，短以救長，迭戰則久，皆戰則強，見物與侔，是謂兩之。

兵以善謀爲先，謀非一端而足。故順天，阜財，懌衆，利地，右兵，此五者皆可慮也，是謂之五慮。前云萬慮，而此云五慮也。蓋萬慮則無所不慮，而五慮則止於五者而已。順天之道，在於奉天之時，法曰：天者陰陽寒暑時制者，又曰：冬夏不興師，無非所以奉天時也；乃若馬援征五溪蠻，人多疾疫，其如順天何？阜財，在於因敵之利，法曰：掠於饒野，又曰：務食于敵，無非所以因敵之有也；乃若楚得敖倉不能守，其如阜財何？忠義者人心之所樂，勸勉者人君之至術，欲使斯人悅懌而進，其可無以勉之乎？蕭之役，軍士大寒，不懌亦甚矣！楚王一勞之，而三軍皆如挾纊，其悅懌爲如何？若者、助辭也，或曰：臣下有功見知則悅懌衆。勉若者，勉之以其功也。吳子曰：以一擊十，莫善於阸；以十擊百，莫善於險；以千擊萬，莫善於阻；是三者，皆地之利也。秦有殽陵，可以拒晉；漢知阸塞，遂以滅楚，其可不知所守乎？陳豨惟不守漳水，乃爲高祖所擒；劉禪惟不守陰平，乃爲鄧艾所滅。則羊腸狗門之地，苟可利者，不可不守也。右者、尙也，尊也。左手足不如右强，右者强大之義也。尉繚子曰：殺人於百步之外者，弓矢也。殺人於五十步之外者，矛戟也。弓矢之用可以爲禦，殳矛戈戟可以守助，凡此五兵，皆有所當。如李靖言八馬當二十四人之說，如晁錯言十不當一之說，長以衛短，短以救長，欲其雜也。蓋兵不雜則不利，比長短相爲救援也。五兵相當，迭戰則可以久，皆戰則三軍齊力，百將一心，故可以强。用是二者，又當視敵之事，與已之事如何耳，而與之侔。是謂兩之也。孫子曰：校之以計，亦兩以見之也。是謂戰權，亦兩而稱之也。兩而見之，知其侔與不侔，則是權敵量力，而後擧兵，爲得其道矣。

主固勉若，視敵而擧。

老子曰：用兵，不貴爲主而貴爲客。蓋爲主之道，易於易敵，適以見擒於人，此李靖所以有變客爲主之戒。爲主之道欲固，而固在於勉若以制勝，不可懈怠而自敗。主固勉若，此爲主之道也。至於擧兵加人，又當量敵而後擧，蓋知彼知己，百戰不殆，不知彼而知己，一勝一負。爲主之道，雖當勉以待之，又能量敵而進，慮勝而會，此正得夫非利不動，非得不用之意也。昔河陽之軍，光弼爲主也。周摯攻之，而光弼斂軍，非勉而固乎？及登陴而望，乃縱兵擊之，非視敵而擧乎？

將心心也，衆心心也，馬牛車兵佚飽力也。

天下有異人，本無異心，將之與衆，其勢不同也，其任不同也。捐其勢而求其心，又何上下之異哉?!然傳曰：人心不同，如其面焉，若之何而同耶？蓋人心雖不同，而同於好惡，此所以無異也。昔張巡爲將，欲使將識士情，士識將意，是乃以心相感也。若夫力則馬牛車兵佚飽也。勞不可以待勞，待勞者必以佚。飢不可以待飢，待飢者必以飽。馬牛者軍之用也，車兵亦軍之用也。閑之使佚，養之使飽，飽則其力爲有餘耳。法曰：以佚待勞，以飽待飢，正謂此也。

敎惟豫，戰惟節。

兵之未用也，必有素行之令。兵之將用也，斯有一定之制。教之豫，則令素行矣。戰之節，則制素定矣。方其教之也，逐奔則使之不遠，縱綏則使之不及，疾徐疎數，各有其法，坐作進退，各有其度，此教之豫也。及其戰也，逐奔則不過百步，縱綏則不過三舍，可進則進，無遠奔，可退則退，無遽走，此戰之節也。法曰：士不素教，不可用也。又曰：令素行以教其民，則民服，非教之豫乎？法曰：善戰者其節短，又曰：節如發機，非戰之節乎？

將軍身也、卒支也、五指拇也。

賈生言，海內之勢，如身之使臂，臂之使指，斯言不獨可施之國，雖軍事亦然。將軍，譬一身也，卒、譬支也，伍五、譬指拇也；身使支，支使指，莫不各從其役者，大足以制小也。遠將使卒，卒使伍，亦猶是也。向非將之與衆心乎其心，則未易使之也。夫何故？心同則力叶也。指拇，大指也。尉繚子曰：將帥士卒，動靜一身，亦此意也。

凡戰權也，鬬勇也，陳巧也。

非變不足以用兵，非力不足以合戰，非機不足以布列，兼是三者，乃可為用。蓋用兵者，聖人之不得已，故權時而用之。如湯之伐夏，武之伐商，皆一時之變也。力有餘者，然後可以勝人，故漢有飛將軍，有驃騎將軍，皆勇可以鬥者也。陣出於心機，故分陣布勢，非巧不可。諸葛亮平沙壘石，為八行方陣；司馬懿稱為天下奇才，非巧而何？

用其所欲，行其所能，廢其不欲不能，於敵反是。

人各有心，善使人者不逆其心。人各有才，善使人者不違其才。士卒不願賞而請戰，此心之所欲也。李牧用之以破匈奴，非善用其所欲乎？短者持矛戟，長者持弓弩，欲人之所能也。吳子備言之於教戰，非得其所能乎？用所欲則必廢所不欲，行所能則必廢所不能，苟為不然，未有不敗於所不欲，死於所不審能者。至於敵則反是。蓋用衆之道與審敵異，吾之士卒有所欲則用之，而彼有所欲，則不與用其所欲。吾之士卒有所能則行之，而彼有所能，則不與施其所能。若是，則彼必咈其所欲，違其所長，彼安得不敗，而吾安得不勝乎?!

凡戰，有天、有財、有善。時日不遷，龜勝微行，是謂有天。衆有有，因生美，是謂有財。人習陳利，極物以豫，是謂有善。人勉及任，是謂樂人。

用兵之法，雖欲無往不克；用兵之道，必欲無所不備。天也、財也，善也，此用兵之道也；得其道則可以一戰矣。時運於天，用兵者不可遷也。法曰：知戰之日，又曰：征之以某年月日時之不可移也。故古人有尅會戰，詰朝相見，其可或遷之乎？時日既不遷，又假卜筮以占其吉凶焉。但龜爲前列，所以先知也。龜之爲物，兆吉凶於未然之前。既知有必勝之理，又在乎微而行之，用之以機，然後可以勝之也。武王伐商，夢協其卜，襲于休祥，此以龜勝也。其行也見風雨暴至，太公乃焚龜折蓍，渡于孟津者，無他？欲密其機也。夫是之謂有天，以在天之道，皆戰所有也。取諸已者，其用常不足，取諸人者，其用常有餘，三軍之衆，苟能有人之所有，是能因敵之財，以生其財，美其財也。生之則不竭，美之則不耗，法曰：阜財因敵，又曰：務食於敵，是能有敵人之財也。夫是之謂有財，非陣之難，使人可陣爲難；非器之利，備物以爲之則利。法曰：人習陣利，又曰：陣巧也。蓋陣兵之法，欲其紛紜不亂，渾沌不散，苟非人習其利，則何以爲陣。禮曰：合此四者，然後可以爲良。蓋制器之法，欲其材極其美，工極其巧，苟非極物以豫爲之，則何以爲利。成周之時，若無事於戰陣，無資於兵器，而司馬之職，平陣有法，考工之記，制器有工者，無他，爲欲有其善故也。是三者，既無所不治，然後人勉於所任焉。夫常人之情莫不惡死而喜生，惡勞而好逸，今也驅之萬死一生之地，而人皆勉力以任其事者，蓋有以樂之也。傳曰：說以使民，民忘其勞，是謂樂之也。前云懌衆勉若，即此樂人者也。

大軍以固，多力以煩，堪物簡治，見物應卒，是謂行豫。輕車輕徒，弓矢固禦，是謂大軍。密靜多內力，是謂固陳。因是進退，是謂多力，上暇人敎，是謂煩陳。然有以職，是謂堪物。因是辨物，是謂簡治。

慮不先定，不足以應卒。大軍似可勝也，必當有以固之。多力固可用也，必當有以煩之。人堪其任，然後治可得而簡。是數者莫不素定，故可以見物應卒，非行之於豫乎？且人有碎千金之璧，不能無失聲於破釜；力能搏猛虎，不能無失色於蜂蠆，此無他，應卒之謀，人所難也。前言見物與侔，此言見物應卒者何也？蓋古者量敵而進，是亦行豫以應倉卒之意也。輕車輕徒，弓矢固禦，法曰：以輕行重則危，以重行輕則戰，是輕與重更相爲用也。行以輕，守以重，戰之法也。今謂之輕車則戰車也，輕徒則戰卒也。弓矢可以及遠，亦輕兵也。三者雖均於輕，不用重兵，然可以勝人，不得不謂之大軍焉。密靜多內力者，陳以密則固，兵以靜則勝，惟能密靜，然後力多內助，故可以守，可以戰，此陣之所以用之而不可犯也。是謂固陣因是退進者，因此陣可進退也。可進則進，有不可當之鋒；可退則退，有不可追之勢，用心勠力，在此一舉，可不謂之多力乎？上暇人習，法曰：教惟豫，士不先教不可用也。爲人上者，於國家閑暇之時，人人而教之，使之目熟旌旗，耳熟金鼓，坐作進退各有其法，疾徐疎數各有其節，雖若煩而不簡，然亦可以勝人也。蘇子不云乎，煩而曲者所以爲不可敗也，是之謂煩陣。職者，自大將而下皆是也。法曰：將有股肱羽翼七十二人，以應天道，此亦職也。因能授職，則可以堪物矣。堪物者，堪任也。惟人能堪其職，故使之應物，則物來能名，事至能辨，宜其不嚴而治。故謂之簡治。

稱衆因地，因敵令陳。

孫子曰：地生度，度生量，量生數，數生稱，稱生勝，是則古人營陣之法，常觀地而爲之。且建城建邑，莫不度地以居民。況用兵之際，可不因三軍之衆，相地而爲陣乎？是以李靖有開方之法，太宗有度地之言，皆其稱也。若夫方員曲直銳之形，天地風雲之勢，龍虎鳥蛇之狀，又因形用權，因敵取勝，其陣乃可得而用也。

攻戰守，進退止，前後序，車徒因，是謂戰參。

用兵之道，非止一法。制勝之法，必欲其兼備。故有攻戰守，有進退止，有前後，有車徒，此豈一法所能盡哉？必兼是數而參之，乃可以勝矣。可攻則攻，可守則守，可戰則戰，法曰：守則不足，攻則有餘，又曰：千里會戰，此攻戰守也。見可而進，知難而退，不可則止，法曰：用衆進止，用寡進退，此進退止也。在前則救後，在後則救前，各有其一焉。太公曰：士卒前後相顧，此前後序也。車因徒而爲用，徒以車而爲輔，未有不相因者焉。禮曰：車徒皆作，此車徒因也。是四者莫不相參爲用，未始闕一，然後可以一戰矣。

不服不信不和，怠疑厭懾，枝柱詘頓勢崩緩，是謂戰患。驕驕懾懾，吟曠慮懼事悔，是謂毀折。

令素行以教其民則民服，是人未嘗不服其命也。今三軍之士，有亂行，有干紀者，是不服也。有仁無信，反敗其身，是人未嘗不服於上也。今有持疑而不決者，是不信也。師克在和，不在衆也，是人未嘗不欲其和也。今有侮上暴下者，是不和也。是三者，和自而見乎？以其怠惰而不振，則不服可知。以其疑惑而不從，則不信可知。厭而不樂，懾而不喜，枝柱而不勝其任，屈而不伸，頓而不安，肆而自恣，崩壞而不救，稽緩而失期，凡此者，不和可知矣。以是而戰，患將至矣，故謂之戰患。驕者法以猛，懾者治以寬，寬猛相濟，而後可用也。今也驕而不治以猛，則驕而愈驕。懾而不治以寬，則懾而愈懾。惟其驕，故至於呻吟而日肆，曠而無節。唯其懾，故至於憂慮而不樂，恐懼而不喜，以此從事，未有不悔者，豈不至於毀折。

大小堅柔，參五衆寡，凡兩是謂戰權。

勢有小大，性有剛柔，總其數則有參伍，用其人則有衆寡，鄭人與楚人戰，則楚勝，此勢之小大也。太平之人仁，悾悁之人武，此性之堅柔也。參參也，如參天兩地之參；伍伍也，如五人爲伍之伍，此參伍也。用衆者務易，用寡者務隘，此衆寡也。善用兵者，以我之兵，觀彼之兵，以敵之事，校吾之事，凡有兩端，即前所謂是謂兩之者是也。夫然後可以謂之戰權，權者稱其輕重之宜也。以彼己而稱之，則其勝負可知矣。前言戰參，則參而用之，此言戰權，則權而用之。或曰：權、變也，謂權以制一時之宜。

凡戰，間遠觀邇，因時因財，貴信惡疑。

用兵不可以無間，用間不可以不善，昔人以間爲下策，非間之過也，不善用也。有間者不善用，猶水之覆舟也。故善間者，用之以聖智，使之以仁義，得其實，則以微妙，是間爲難用也。雖用間於遠，必觀其所親近之人。是以陳平間楚，必有以中於鍾離昧；文種間吳，必有以遺於太宰嚭，是皆觀其所親近之人而用之也。苟不知所以用之，未必不爲反間矣。用間之道，時有不可失，財有不足者，又在乎待之以誠，而使之無惑，然後不敗乃事矣。

作兵義，作事時，使人惠。見敵靜，見亂暇，見危難，無忘其衆。

古者以仁爲本，以義治之之謂正，則所謂者義也。爭義不爭利，則所爭者義也。戰必以義，則所戰者亦義。王者之兵，無非以義而後作，此太宗之義兵，武王之度義，所以爲不可敵。不奪民時者，先王之仁政。教民習戰者，先王之武備。仁政雖不可闕，而武備亦不可弛，所以作之者，不過以時而已。傳曰：皆於農隙以講事，此所謂時也。不獨是矣，工役之事，亦莫不以時焉。春秋書城防，以其不時也，故夫子曰：使民以時。使人慧者，蓋慧則足以使人，慧苟不至，必有携持而去者，況小人懷慧，其可不示之以慧乎？見敵靜者，蓋遠者視之則不畏，近者勿視而不散。見敵之際，當以靜處之，苟不能靜，是內亂，何以待敵？況兵以靜勝，則可以待譁。古之戰者，猶且含枚而進，其好靜也可知，此方陣而鬪，周鞶所以自取其敗也。至於三軍擾亂，爲難治也，必以閒暇而待之。危難之際，至難處也，必當愛惜士卒而無忘之。是二者，惟張遼盡之；長社之役，三軍擾亂，遼曰：勿動，必有反者，不反者安坐，遼則中陣而立，從其反者而斬之，卽定，是見亂而暇也。及其被圍數重，遼與數十人突出，衆曰：將軍棄我乎？遼復突陣而入，是見危難，毋忘衆也。

居國惠以信，在軍廣以武，刃上果以敏，居國和。在軍法，刃上察，居國見好。在軍見方，刃上見信。

孟子言施仁政於民，可使制梃以撻秦楚之堅甲利兵。蓋天下之事，施報而已。居國之時，苟無以施於下，則軍中刃上之際，又何以責其報哉？方其居國之時，未有戰也，吾則撫之以恩，而後濟之以信，則於軍之際，人必張大其聲，布揚其武，至於交兵接刃之際，又必有殺敵之果，致果之毅，敢于立功矣。吳子曰：不和於國，不可以出軍，惟其居國之時，上下之際，有和順輯睦之風，無乖爭陵犯之變，則用軍旅之際，必能進退坐作，合於規矩準繩之法矣。至於交刃而戰，必能審敵情，敢於有爲，銳於進取矣。傳曰：愛之如父母，謂其居國之時，民之愛之如是也。故在軍之際，必能更相視傚而立功。交刃之際，必相信以前，而無二心矣。玆皆報施之効，不可不知。

凡陣行惟疎，戰惟密，兵惟雜，人教厚靜乃治，威利章。

行軍必以陣，營陣必有法，營陣之法，以行列則疎，疎則利於擊刺。以致戰則密，密則相爲彌縫，疎則不可亂，密則有所恃。兵不雜則不利，故長以衛短，短以救長，此兵貴雜也。令素行則民服，故必使民習於戰而後用，此教之貴厚也。兵以靜勝，故勝乃治，我武惟揚，故威利章。

相守義則人勉，慮多成則人服，時中服，厥次治。

六德之教明義與焉，軍國之治勵義與焉，義者誠兵家所不可闕焉。人惟能以義相守，則以之扶持，以之操執，莫不惟義是趨，孰不勉於赴功哉？此郭子儀之勉光弼，必以忠義爲先也。人孰不知兵，鮮能慮事，人孰不致慮，鮮能成功。孔子曰：必也臨事而懼，好謀而成者，正此意也。孫臏減竈，是慮也，及龐涓已斬，人始服之。韓信背水，亦能慮也，及陳餘已擒，人始服之。苟爲無謀，未必不爲王恢劉備也。王恢伏馬邑，慮非不善也，匈奴覺之而去。劉備伏谷中，慮非不善也，陸遜揣之爲巧，亦足何取乎？此人之所以未必服之也。若是，則人之服之，非服其善慮也，服其慮之有成也。慮既有成，則人必中心服矣。時、是也，書所謂其目時中，是也。中、心也，孟子所謂中心悅而誠服也，是也。人既服矣，然後無不治焉。蓋大吏不服，遇敵必憝而自戰，又將何以治哉？惟其心服，故以次而治矣。

物既章，目乃明。慮既定，心乃強。

五色令人目盲，目既寓於色，則所以物物者不可不章，物章則目必明矣。心之官則思，心役於思，則所以慮之者，不可不定，慮定則心必強。

進退無疑，見敵而謀。

見敵而進，知難而退，一進一退，惟其時而已，何疑之有。慮不先定，不可以應卒，見敵而後謀，其謀不亦晚乎？是以孟賁何疑，不如童子之必至，不疑故也。大寒而後索衣裘，不備故也。

聽誅，無誑其名，無變其旗。

聽誅者，聽其所誅者，如禮所謂司寇聽之，是也。聽誅則不誑其名，蓋罰貴必也。雖親必戮，雖讎必殺，又曷嘗以其名而誅之。不變其旗，古以旗爲期所謂之期約也，然罰不遷列。所謂旗者，卽旗號也。可殺則殺，又豈必變其旗號而後誅之。

凡事善則長，因古則行，誓作章，人乃强，滅厲祥。

秦隋不道，一傳而亡。文武好善，八百其昌。事苟極其善，豈不長久乎？堯曰稽古，於變黎民；舜曰稽古，不詔而成，事合於古，豈不可行乎？名其爲賊，敵乃可服，則誓師之際，其可不作之以章明乎？誓命既章，士卒必皆可用而强也。士卒雖强，苟厲祥未滅，人未必無惑也，故又在乎滅厲祥焉。厲、災也。法曰：禁祥去疑，至死無所之，又曰：心一在乎禁祥去疑，則滅厲祥者，兵之所不敢忽也。故太白守歲，李晟不顧，杯水化血，孝恭以爲賊臣授首，此滅之之道也。

滅厲之道，一曰義，被之以信，臨之以强，成基一天下之形，人莫不說，是謂兼用其人。一曰權，成其溢，奪其好，我自其外，使自其內。

上言滅厲祥矣，猶未見所以滅之之道，此又言滅之之道焉。傳曰：事得其宜之謂義，是義者滅厲之一物也。事得其宜，必始而待之以信，使知所服，終自示之以强，使知所畏。蓋不言而信，信在言前，則先之以信也，必矣。外得威焉，所以戰也，則後之以强也可知。惟盡是二者，其基可成，天下之勢，自此而一矣。秦之商鞅，徙木者與之金，所以示信也。犯令者，必有罰，所以示强也。卒之國富兵强，吞噬六國，非能一其形乎？夫如是，天下之士不得不歸之，此所以說而趨於所用也，豈不謂之兼用乎？兵不知變，不可以勝敵，則權變之道，亦居其一焉。而權之所用，必有以成其驕溢之心，所謂卑而驕之也。必有以奪其好，所謂親而離之也。彼其心旣驕，則是我能自外以溢之也。其君臣相離，則是彼自內有以奪之也。非天下之至變，其孰能與此。

一曰人，二曰正，三曰辭，四曰巧，五曰火，六曰水，七曰兵，是謂七政。

官人得則士卒服，是將貴乎得人也。得賢將，則兵强國昌，是得人不可後也。故一曰人，征之爲言正也。所以正其不正也，亦兵之要也。然必得人而後正可施，故次之於人焉。或以爲正服之正，亦正也。師出無名，事故不成，則奉辭伐罪，亦用之之一道也。故三曰辭，或以爲號令之辭，亦辭也。養力索巧，乃可以動，巧亦兵之所用也。故四曰巧，或以爲器械之巧，亦巧也。至於火也、水也、兵也，雖皆戰之不可闕，然亦爲下矣。故五曰火，六曰水，七曰兵。火即孫子之火攻，水即吳子之水戰，兵即法之五兵，是七者，皆軍旅之政也。苟非其人，不可以舉，故必先之以一曰人。

榮利恥死，是謂四守。

好生惡死者，常人之情，使之樂死者，用人之法。夫驅無辜之民，而置之萬死一生之地，而人莫不從之者，蓋有所守也。吾有榮名以誘之，則人必慕榮而樂戰。有厚利以與之，則人必趨利而樂戰。民知生辱死榮，則必好榮矣。民知罰在必行，則必重死矣。四者無失所操，是謂四守。魏辛雄上疏曰：凡人之所以蹈突陣而忘身，觸百刃而不憚者，一則求榮名，二則貪重賞，三則畏罰，四則避禍難，亦此意也。

容色積威，不過改意，凡此道也。

臨之以莊，君子治民之道也。況於用兵之際，可不正其顏色乎？望之儼然，君子處己之道也。況於用兵之際，可不積其威嚴乎？容色則人知所敬，積威則人知所畏，凡若是者，無他也，不過使三軍之士，有過則改而已。蓋小人之過也必文，未有能改之者，吾今示之以威容，則必彼改是矣。凡此者，皆用兵之道，故曰凡此道也。

唯仁有親，有仁無信，反敗厥身。

仁見親，法言之矣，仁者人之所親，略言之矣，是仁者有親也。仁雖足以愛人，仁而無信，不知其可也，故反敗其身。宋襄公嘗行仁矣，然信有不足，卒之喪師辱國，詎不敗乎？！

人人，正正，辭辭，火火。

兵不可無其政，政不可無其實。人、正、辭、火、政也。人必得其人，正必得其正，辭必得其辭，火必得其火，此實也。人人，即所謂官人得也。正正，即所謂率以正也。辭辭，即所謂我有辭也。火火，即所謂以時發之也。上言七政，而獨言者，蓋舉火則水可知，舉人則兵與巧，實存其中。

凡戰之道，既作其氣，因發其政，假之以色，道之以辭。因懼而戒，因欲而事，陷敵制地，以職命之，是謂戰法。

法曰：戰在於治氣，又曰：氣實則鬥，是兵必以氣為主也。夫博者袒裼奮臂，所以壯氣也。罵者叱咤撫掌，所以示氣也。況戰之為道，其可不作之以氣乎？長勺之戰，魯所以勝者，以其知作氣之道也。既作其氣，又當發之以政焉。政、軍政也，周官司馬掌邦政，則軍之有政，可知矣。此蓋有以作其氣，而後可以治其事也。然不假之色，則無以容之，不道之辭，則無以勉之。法曰：示以顏色，是欲假之以和柔之色也。又曰：告以誓言，是欲勸之以禦侮之辭也。至於人有懼心，則必使之知戒；人有欲心，則必使之從事。懼而不戒，則人怠於戰，欲而不事，則人失所望。吳漢墮馬，衆必危懼，而漢乃告以此正諸公封侯之秋，衆莫不激怒，非因懼而戒乎？田單守即墨，士卒怒氣百倍，單乃因而縱以火牛，驅以壯士，卒復齊城，非因欲而事乎？夫如是可以深入敵人之制地，可以分其所職之事。故車戰則命以車之職，徒戰則命以徒之職，騎戰則命以騎之職，是數者，皆戰之法也。一說，蹈敵制地，以爲因敵之道而蹈之。

凡人之形，由衆之求，試以名行，必善行之。若行不行，身以將之，若行而行，因使勿忘。三乃成章，人生之宜謂之法。

賢者，言可以爲天下則，行可以爲天下法，人之所形者，正是也。欲得爲人之形法者，必由衆以求之，如語所謂選於衆，是也。法曰：訊厥衆，求厥技。夫有技之士，猶因衆以求之，況可以爲人之形法者，可不由衆以求之乎？然人不可以妄取也，必得其實焉。語曰：如有所譽者其有所試；四岳曰：試可乃已。是用人之道，必欲使之名實相當，而後可也。聖如大舜，堯猶使之試諸難，況常人乎？夫所謂行者，亦其能行之也。易曰：君子以成德爲行，曰：可見之行也。書曰：亦言其人有德，亦行其人有德，此試名，則所以必貴於善行之也。若其不能行，必以身先之。傳曰：其身正不令而行，又曰：以身教者從，是身以將之意也。若能其行，吾則因而使之無或忘。苟爲可將而不將之，則是不成人之美。不可忘而或忘之，則是使大臣怨乎不以也，何足以得英雄之心乎？三乃成章者，蓋數起於一，立於兩，成於三。治身者，必以三省；行事者，必以三思，是皆以其三則有成也。試人之法，至于再三，則其人之才行，章然可見矣。故始而考之，中而考之，終而又考之，凡三者若是，則人焉廋哉，宜其章然可見也。一說，章爲章程，孟子論用賢，以左右之言爲未可，以大夫之言爲未可，又以國人而察之，則其考之也。豈不至於三乎？孟子之意，正欲見其行之所蘊也。斯人也吾非妄取之也。以其云爲舉措，素合於人心也。人生感其所宜，豈不足以爲人法乎？一說，三乃成章，曰試以名行，一也。身以將之，二也。因使勿忘，三也。

凡治亂之道，一曰仁，二曰信，三曰直，四曰一，五曰義，六曰變，七曰專。

天下有不齊之情，聖人有能齊之術，此治亂則有道也。仁見親，無仁則不愛，未有不亂，故一曰仁，信見信，無信則必疑，未有不亂也，故二曰信。直則無反側，故三曰直。用衆在乎心一，故四曰一。爭義不爭利，故五曰義。知變則可以應事，故六曰變。專精則可以行法，故七曰專。語曰：克己復禮爲仁，又曰：仁者能好人，能惡人，其公可以治己也。既有仁以先之，何亂之有。子玉治兵，鞭七人貫三人耳，仁安有哉？所以不能治民也。傳曰：上好信，則民用情。又曰：信、符也，爲其可以執以爲稽也，爲其不疑也。既有信以行之，何亂之有。晉文伐原以示之，爲其信也，晉國之所以治。詩曰：周道如砥，其直如矢。書曰：平康正直，既能直以將之，何亂之有。子產古之道直，爲能直也，此鄭國之所以治也。法曰：心欲一，爲其齊也。既能一以齊之，何亂之有。屈突通惟其一心，正唐所以資之而有天下，理財正辭，禁民爲非曰義，爲其得宜也。傳曰：行而宜之謂義，爲其合於道也。既有義以用之，何亂之有。郭子儀、李光弼相勉以忠義，是有義也。此唐之所以治與。通變天下無弊法，是知權也。既能變以通之，何亂之有。王伯之權以濟事，是知變也，軍之所以勝與？法曰：出軍行師，將在自專，爲其精一也。既能專以行之，何亂之有。孫武之於軍命，有所不受，是能專矣，此吳軍之所以治也。夫既能盡是七者，何亂之不治乎？

立法，一曰受，二曰法，三曰立，四曰疾，五曰御其服，六曰等其色，七曰百官宜無淫服。

不觀其始，無以知法之所自行；不觀其終，無以知法之所自成。夫制而用之，謂之法；推而行之，存乎其人；而其所以揭而示之者，又寓乎物也。是法也，其初上則受之下，下受之上，故一曰受。既有所受矣，故可稽以爲決，操以爲驗，故二曰法。既有法矣，而後可以有立，故三曰立。既立矣，故如置郵傳命之速，故四曰疾。此皆法之所自行者，有所始也。衣服者，治之所御也。故於衣服，則當御之使無非法之服。周禮司服，袞冕鷩冕元冕之類，是也。又安有衣之偏衣如晉之太子哉？服色者，法之所由辨也。故於尊卑，則當等之，使無隆殺之混，所謂九章七章者，是也。又安有彼其之子，不稱其服，而爲詩之所刺也哉？然而百官又不得爲淫服，淫服者非法之服。陳公衣衵服於朝，此淫服也，陳之所以亡。然立法必以衣服爲言者，易服色，王政之所先也。則衣服，言於立法之終，固宜。

凡軍，使法在己，曰專。與下畏法，曰法。

執法馭下者，貴乎必。率下以身者，貴乎公。將之治軍，使法歸於己，而無掣肘之患，則法爲必矣，故曰專。孫子曰：臣既受命爲將，將在軍，君命有所不受，是知專也。法行於人，已與共畏之，而無失之私，則法爲公矣，故曰法。魏武曰：法與天下共之，何敢輕也，是知法也。李牧守雁門，軍不從中御；李靖軍中節度，不從中治；此法使在己，曰專也。祭遵以光武舍兒犯法，而終殺之；曹操馬躍麥中，乃割髮自刑；此與下畏法，曰法也。

軍無小聽，戰無小利，日成行微曰道。

行兵之法，無以小言而必從，無以小利而必貪。從小言，必無敵所間；貪小利，必爲敵所誘。張飛鷩斷軍後，曹洪知其張聲；姚興言救慕容，宋武知其虛辭，軍豈可以小聽哉？司馬懿屯陽遂以誘諸葛，而亮不動；先主營平地以誘陸遜，而遜知其有巧，戰豈可以小利哉？兩者既不可以成功，如何而可哉？曰：有道也。蓋勢有所立，而後可以用其機，機有所秘，而後可以盡其道。法曰：知戰之地，知戰之日，可以千里而會戰，知戰固有日也。夫戰日既成，是戰之勢立矣，而又行之以微，則密其機，使時人不知吾所與戰日與地，斯可謂盡用兵之道也。張良運籌決勝，衛公以爲知道，此也。

凡戰，正不行則事專，不服則法，不相信則一。若怠則動之，若疑則變之，若人不信上，則行其不復，自古之政也。

所難齊者人之情，所易齊者上之政，正人之道不行，則事之以專，其誰不正哉？穰苴於士卒未附，百姓不信之際，而斬莊賈，示之以專也。人有未服，則行之以法，其誰不服乎？孫武教戰，左右大笑，而三令五申之者，法也。心有不相信，則當一之，張遼李典素不叶，乃曰：此國家大事，顧君計如何耳，一也。士卒有怠心，則作之，此吳漢於吏士恐懼不戰，而激勵之以怒者，氣也。人有疑惑之心，則變之，此太公焚龜折蓍而破紂也。人不信於上，則行其不復之令，此商鞅徒木之法也。凡此皆古之政也。蓋此皆古人之所已用之政也。夏官主政，故曰政，法所以四言之也。

嚴位

凡戰之道，位欲嚴，政欲栗，力欲窕，氣欲閑，心欲一。

戰亦多術，不可以一而求，術無不備，斯可以成其功。凡戰之道，有位、有政、有力、有氣、而又有心焉，其術不同也。位嚴、政栗、力窕、氣閑，而其心又一，則術無不備矣。夫將帥而下有偏裨，偏裨而下有長正，尊卑小大，其位不可以不嚴。位苟不嚴，則上下之分不正，必有大吏怒而不服者矣。今也位欲嚴，而分必定矣。此穰苴有定爵位之言，僖伯有卞等列之對，是也。刑罰以威其心，進退以謹其節，申令法制，其政不可以不栗。政苟栗，則士卒之心不服，必有畏敵而侮我者矣。今也政栗則心必服矣，此程不識治簿書，廷玉之申號令，是也。飽而後可以待飢，佚而後可以待勞，其力不可以不窕，力苟不窕，則必有望敵而不進者矣。今也力欲其窕則士必勇矣，此王翦之軍投石超距，鄭國之士投蓋稷門，是也。軍旅以舒為主，不舒則氣奪矣。故氣欲閑，王霸之閑營休士，亞夫之固壘不出，欲其氣之閑也。丘大齊則制天下，不齊則其心惑矣。故心欲一，班超以三十六人在西域，而死生皆從，張巡歷四百餘戰，而人無異志，其心一也。凡此皆戰之道也。

凡戰之道，等道義，立卒伍，定行列，正縱橫，察名實。

用人之法有不同，則治人之術亦不一。道義也、卒伍也、行列也、縱橫也、名實也。所以用人也。曰等、曰立、曰定、曰正、曰察，所以因其人而治之也。昔晉人謀元帥，以卻縠將中軍，曰：其為人也，閱禮樂而敦詩書。詩書、義之府也，禮樂、德之則也，是則將帥之用，豈惟其才乎？以其有道義之可用也。道義之列，有小大，有長短，又不可無以等之。成周之制，五人為伍，四兩為卒，故伍有長，率有正，是則三軍之用，豈無其制乎？率伍之制，其衆寡，其少長，不可無以立無。李衛公言伍法之要，小列之五人，大列之二十五人，參列之七十五人；又五參其數，得三百七十五人，教戰之法，其可爲序乎？行列之序，其前後，其左右，又可無以定之。太公晝方法千二百步，橫以五步立一人，縱以四步立一人，則縱橫之道，不可不正也。於此正之，則經東西緯南北，地與人相稱矣。管子曰：理名實勝之，此自治之節制也。太公亦曰：使名當其實，實當其名，則名實不可不察也。於此而察，察之則循名責實，眞才實能可得而用矣。蓋有將而後有軍，有軍而後有陣，陣而後度數形名備矣。能否之實，於此可別矣。故曰察名實，此其序也。

立進俯，坐進跪。

立者進，則使之俯其身；坐者進，則使之跪其足，此教戰之法也。且大司馬四時之教，有坐作進退之節，士之所習者素矣。今而用之，又孰有犯其節哉？夫用兵之法，不欲煩人，而常從其便。因其立而進也，故使之俯倒俛首而前，無桀傲之患。因其坐而進也，故使之跪而膝行而前，無紛亂之失。皆因其自然之勢，而使之示人無過煩也。使立而進者必跪，坐而進者必俯，無乃大勞乎？使人之法，必不若是之煩也。

畏則密，危則坐。

心有所懼，則必有以親之，勢有未寧，則必有以安之。夫人之所以驚畏而無所喜色者，是其心有所懼也。吾欲使之相親密，明伍采彌縫，更相救援，左右得以相親，前後得以相及，此畏則密也。匈奴數萬騎圍廣，是軍士皆恐而無人色，可謂畏矣，廣爲圓陳外向，軍士乃安，非密之意乎？人之所以危患而不安坐者，是勢有未寧也。吾則使之安坐。安坐則安然止息，各守一心，無喧嘩之失，無紛擾之患，此危則坐也。長社之軍，夜驚亂，一軍盡擾，可謂危矣！張遼謂左右勿動，令軍中安坐，豈非坐之之意乎？

遠者視之則不畏，邇者勿視則不散。

用兵之法，莫先乎有謀，謀於其先，則備之必早，事至而後謀，吾知其無備也。是以敵人遠來，勢孤形小，吾則視之。如憑軾而望齊師，登碑而望晉軍，將以謀之於先，而早為之備也。有備者無患，軍士何從而畏哉?!若邇而相近，形成勢立，吾則勿視以固其心，如亞夫堅壁不動，孔明開門却洒，其謀有素，而彼已墮五術中矣。以靜待動，軍士何自而散哉?!或視或不視，亦以愚士卒耳目，而使之無知之術也。

位下，左右下，甲坐，誓徐行之。位逮徒甲，籌以輕重，振馬譟徒甲，畏亦密之，跪坐坐伏，則膝行而寬誓之，起譟鼓而進，則以鐸止之，御枚誓糗，坐膝行而推之，執戮禁顧、譟以先之。若畏太甚，則勿戮殺，示以顏色，告之以所生，循省其職。

有以安其心、則人必不懼，有以作其氣，則無不勇，跪坐伏止，示以顏色，告以誓言，皆所以安其心也。振馬鼓譟，所以作其氣也。心既安，則見事不惑，又何懼焉。氣既作，則望敵而進，無不勇焉。善將者當危患之時，人人有畏懼之色，其心必不困，而其氣必惰矣，吾則使之坐跪伏止焉，所以安慰而鎮靜之也。位、大將軍居中正位也，左右、偏裨之將也，甲者、甲士也。大將既下車，左右下車，甲士皆坐，然後徐行而誓之，使之安其心而無畏耳。人見其誓之既徐下，而且坐必無懼矣。自大將而下至於徒甲，徒甲士之三人，車中之七十二人，人是人也，等計其輕重之兵而用之。蓋兵以重守，而以輕戰，以此兵備戰守而釋危懼也。或曰：等其輕重之勢，人心稍安矣。又恐其氣之未作也，故又振而起其馬，喝而噪其徒甲，以觀其勇之如何？若猶畏也，則又密之以安其心焉。法曰：畏則密，是也。夫既密是人之心猶未甚安也，吾所以撫之者，又當致其至。故使之始而跪者，今則坐。始而坐者，今則伏。膝行而前，遲遲其行也。寬而誓，恤其心也。夫既坐而伏矣，所以誓之者，必膝行也。撫之如是其至者，使之安其心，不為事所懼也。既誓衆，又且起之，或鼓或噪而進，所以齊其氣也。又以金鐸止之，所以寧其心也。周禮曰：三鼓振鐸，車徒皆作；三鼓摝鐸，車徒皆坐；是亦進止之也。彼既知其進止而無懼矣，又使之銜枚蓄糗。枚如筯，以繩繫于頸，所以止喧嘩也。糗糧所以為食也。禮曰：軍旅含枚而進，書曰：峙乃糗糧，使之含枚，則以靜而待譁，蓄以糗糧，則以飽而待飢也。又坐而膝行，以序推之，所以勉其進戰也。三令五申；亦云至矣。向有懼心，今則有鬥心；向有危心，今則有勝心，宜其無犯令而就戮矣。無退志而回顧者矣。今三軍若有可戮，則姑惟執之而未戮，有顧心，則必禁之使無顧。凡所以寬之也。夫如是則人惟上之從。然鼓譟以先之，使勇怯並進，强弱如一，斯可矣。前既已執戮禁顧，躁而先之，似可用矣。今而三軍猶有懼心，其畏尤甚焉，詎可專尙威猛，以殺戮為哉？必無行殺戮，而和顏溫辭以諭之。法曰：假之以色，則示以顏色者，以悅其心，以平其志，以釋其危懼也。法曰：道之以辭，則告之以所生者。誘之以封侯，諭之以報國，誓之以必死也。又且巡而行之，察其所職之事，使車謹其車，徒謹其徒，騎謹其騎，而後可以決勝也。右賢王將兩萬騎圍李廣，廣使其子直貫胡陣，還曰：胡虜易與耳，軍士乃安。廣意自如而益治軍，軍中服其勇，卒走賢士。吳漢每戰不利，諸將惶恐，失其常度。漢乃意氣自若，方整厲器械，激揚士吏，卒破蘇建，是皆循省其職也。

凡三軍人戒分日，人禁不息，不可以分食，方其疑惑，可師可服。

治兵必有令，行令必有時，此軍之常法也。況三軍方當危懼之時，其所以令之者，以常法行之，無乃持久乎？故三軍之戒，無過三日者，常也。久而戒三軍，則無過分日也。分日者，日之半也。一卒之警，無過分日矣，常也。今而戒禁其人，則無過不息焉。不息者，半息也，凡此皆欲速申其令以治兵也。惟其人在危疑危惑之中，而後乃使之服也。蓋兵之情，圍則禦，不得已則鬥。過則從，苟未疑惑其師，而服之者，亦難其人。然令素行以教其民則民服，服於平居無事之日，士卒之心，未嘗不從所令也。今於危惑之中，何以言其可使服哉？蓋兵士甚陷，則不懼故也。是以井陘之役，背水之陣，韓信可以使士殊死戰。長社之役，一軍盡擾，張遼可以使之左右勿動者，皆此之謂也。

凡戰，以力久，以氣勝，以固久，以危勝。本心固，新氣勝，以甲固，以兵勝。

孫子曰：以近敵待遠，以佚待勞，以飽待飢，此治力者也。避其銳氣，擊其惰歸，此治氣者也。夫戰之法，力不全不可以持久，氣不勇不可以勝敵。故養其力以守而守可以久，作其氣以攻而攻無不勝。王翦堅壁不戰，休士洗沐，久之軍中投石超距，卒破荊軍。曹劌一鼓作氣，彼竭我盈，卒克齊師。內有未堅，則不可以持久也，有所苟安，則不足以決勝。古人用兵，行必立戰陣，止必堅營壘，其為固可久也。圍地則謀，死地則戰，為其危之可以勝也。亞夫堅壁固壘，而卒挫吳楚以固久也。韓信背水為陣，而卒擒陳餘，以危勝也。前言危則密，此言以危勝者，前言人心之危也，此言地勢之危也，故不同。心有所生，則在我者不可犯，氣有所作，則在敵者斯可敗。遇敵而懼，人之常也，今士卒之心有所生矣，雖大敵在前，而晏然不動，則可以固而不可犯矣。久而必惰，人之常也，惟士卒之氣振而不弊，則雖百戰之餘，而其氣益銳，則可以勝而不可敗矣。張巡之守睢陽也，力戰而人無叛之心，非本心固乎？王伯之破蘇建也，閉營而軍士斷髮請戰，非新氣勝乎？內必有以衛其身，則人不可得而犯。外有以制其敵，則人不可得而敗。甲者衛身之具也，兵而制敵之器也。楚人衷甲，知所以固也。衛人受甲不戰，何以爲固乎？陳湯料胡兵不當漢兵，知所以勝也。蕭俛銷兵，何以爲固乎？

凡車以密固，徒以坐固，甲以重固，兵以輕勝。

物各有用，用各有宜，車之爲用，疎則不合，必有隙可投，有間可乘矣，故以密固。鄭人魚麗，先偏後伍，伍乘彌縫，則以密爲固者，左右得以救援也。徒之爲用，散則不聚，其作止必不齊，行列必不定，故以坐固。張遼令左右勿動，軍中皆坐，則以坐爲固，其心無有不安也。甲之爲用，輕則難以自庇，兵之爲用，重則難以擊刺，周禮函人爲甲，犀甲七屬，兕甲六屬，合甲五屬，舉而眡之，欲其豐也。則甲之厚重，豈不固乎？廬人爲兵，守國之兵短，攻國之兵長，擊兵欲强，舉圍欲細，則兵之輕者，豈不勝乎？

人有勝心，惟敵之視；人有畏心，惟畏之視。兩心交定，兩利若心，兩爲之職，惟權視之。

事之在人，其勢未嘗兩立，將之治兵，未嘗失之偏勝。故勝敵之心既重，其所見者，惟敵之視，爲其心之常務勝之也。畏敵之心重，其所見者，惟畏之視，爲其心之常畏彼也。畏之者必無勝心，勝之者必無畏心，是事之在人，其勢未嘗兩立也。吾於此有術以一之，常不失之偏勝焉。故士之心務在勝彼，勝心既過，則必易敵而忘進，士之心常若畏彼，畏心既過，則必致力而死戰。是心也，合而一之，然後可用焉。故有勝之心，必濟之以畏；有畏之心，必濟之以勝，交兩心而定之，斯可矣。勝心既重，宜有利也。而利中常有易敵之害。畏心既重，宜有害也，而害中常有備敵之利。吾於兩者，取其利而一之。故勝心既重，雖利也，必使之知利中之害，而成其利。畏敵之心，雖害也，必使之知害中之利，而就其利。兩者咸歸於一，何往而非利哉？職、事也，交之以兩心，一之以兩利，是能兩爲之職也。有勝心，必使之爲畏敵之事；有畏心，必使之爲勝敵之事。蓋在人既有勝畏之心，在我當審輕重之宜。使三軍之士，其於畏勝也。無低昂之失，審輕重之偏，常交定而若一焉，此其所以勝也。李廣之軍，右賢王以四萬騎圍之，其子直貫陣還曰：胡虜易與耳，是勝心重也。而士無人色，蓋治器械，是畏心重也。李廣能使人無輕重之分，此所以虜不敢犯。

凡戰以輕行輕則危，以重行重則無功。以輕行重則敗，以重行輕則戰，故戰相爲輕重。

戰之所以勝者，常在乎兵。兵之所以用者，必得其宜。苟用兵而不得其宜，則宜重而輕，宜輕而重，將何以爲戰勝之術哉？然則兵之爲用，輕則利於攻，重則利於守，相須而並行之，其可也。苟一於輕，攻可也，守不可也。一於重，守可也，戰不可也。然則守而用重，攻而用輕，兵之所以利也。設或守之以輕，行之亦以輕，則輕進無援，未有不危者也。守之以重，行之亦以重，則失利後期，亦不足以取勝，所謂其法，一而至也。輕固不可獨用也，重亦不可獨用也，兼而用之，亦不可無術焉。故守以輕，行以重，則守者不固，行者不利，未有不敗也。惟其守之以重，則守必固，行之以輕，則戰必利，然後可以盡戰之道，是故戰者相爲輕重也。輕無重不可，故輕賴重以爲援，重無輕不可，故重賴輕以前進，兩者常相須而並用也，此戰之道也。法曰：籌以輕重也，此也。

舍謹甲兵，行慎行列，戰謹進止。

善用兵之將，必明乎用之之序，知用兵之序，必審戒之之術。兵必有舍，舍而後行，行而後戰，序也。舍所謹者甲兵，行所謹者行列，戰所謹者進止此，戒也。始而舍之，必當自固，亦慮其有弃甲曳兵者，故謹甲兵。法曰：右兵弓矢禦，殳矛守，戈戟助，此綿上治兵者所以伯也。及其行之，必當自治，亦慮其有亂行失次者，故謹行列。法曰：不失行列之正，此行必立，戰陣者所以勝也。迨其戰也，尤貴其節。蓋兵不可以無節，節不可以不嚴，則失進止之序矣。法曰：無犯進止之節，此教坐作進退之節者，所以爲至治之世也，可不知所戒者哉？！

凡戰，敬則慊，率則服。

敬事下人者，人無不從，以己夸人者，衆無有服。楚莫敖舉趾高，其心不固，爲鄖人所敗。鄧士載謂諸軍賴某有今日，爲識者笑，是不能敬而慊，以是率人，其誰服哉？然則爲將者，既無易人之心，則處己者，常有不足之態。戰戰兢兢，如臨深淵，如履薄冰，其於一事之立，常若不能者，是敬而後能慊也。夫既無易人之心矣！則人亦無易於我，故以此率下，大將心悅而誠服矣。光武曰：每發一兵，鬚髮盡白，能敬而慊人。當時之人，有推赤心置人腹之美，降者日以千數。昆陽之戰，一舉兵而人無不前，職此之由也。

上煩輕，上暇重。奏鼓輕，舒鼓重。服膚輕，服美重。

民向能爲哉？視上之教如何耳。上教人能失之煩勞，則人見其上之煩也，故輕進而無功。上教人而得於寬暇，則人見其暇也，故持重而有功。輕重之勢，煩暇之所致也，民焉能戰哉？以鼓而爲戰也。疾鼓而奏之，則聞其聲者，皆有輕重之心。寬鼓而舒之，則聞其聲者，未必無持重之心。一輕一重，非人之所能爲也，由鼓聲而然也。州吁擊鼓其鏜，其兵所以不戢而自焚也。或曰：奏輕也，舒重也，民心無常，唯上之所使如何耳？且甲兵之外，有戎衣。衣有厚薄，則戰有輕重。衣而膚薄則見其參於前者，皆輕進而不能持重；衣而美厚，則見其參於前者，皆持重而不輕；或輕或重，以衣之厚薄使然也。衣之偏衣者，又何以爲戰哉？

凡馬車堅，甲兵利，輕乃重。

陳湯有言曰：胡兵五不能當漢兵一。夫以五敵一，誰重誰輕，湯且以爲不能當者，何哉？輕乃重也。古者以重行輕則戰，以輕行重則敗，是甲兵者，雖若甚輕有重兵之功也。蓋兵之戰也，必資乎物；物之用也，必有其術。故馬車，馳車也。甲兵，甲士所持之兵也。馬車將以突敵，堅則不可破矣，此我馬旣同，宣王之所以攘玁狁也。甲兵將以殺敵，利則不可犯，此穀乃甲冑，煆乃戈矛，魯侯之所以平淮夷也。作戰之物旣堅且利，雖曰輕而行之，其實有重兵之功矣。法曰：車堅馬良，將勇兵強，猶知其不占而不與之戰，況此乎？

上同無獲，上專多死，上生多疑，上死不勝。

傳曰：治天下者審所上，則上之爲言，非上下之上，乃崇尙之上也。且成大功者，不謀於衆，則謀貴乎獨也，所尙在於同則無斷也。以是而戰，將何所得哉？然法曰：上下同欲者勝，此言無獲者，蓋同欲則心一，故勝。上同則十羊九牧，故無獲。且專欲難成，則爲將貴乎從衆也，所上在於專，是建衆也。以是而戰，安得而不死，然法曰：國以專勝，此乃言多死者。國之專，則用將也，故勝。上專則咈人從己，故多死。法曰：必生可虜，則怯而貪生，無必死之心，安得而無疑。宣元懼敗，漾輕舸而衆莫有鬥心，是也。法曰：必死可殺，則輕而必死，無自生之路，安能取勝哉？趙括身自搏戰，而取長平之敗，是也。

凡人，死愛、死怒、死威、死義、死利。

生、之所欲也。死、人之所不欲也。今三軍之士，舍其所欲，而就其所惡者，非死可爲而生不可爲也，以其好惡畏慕之心有以激之耳。故平日之間，有恩愛以及人，不啻如父兄之愛子弟。是愛者人之所好也，誰不致戰以報上之愛哉？此吳起爲卒吮疽，其母知其子之必死也。三軍之士，其怒氣既盈，不啻如有不共戴天之讎。是怒者人心之所共惡也，其誰不致死以雪其怒哉？此田單之軍，怒自十倍，所以復齊城而克燕。法曰：戰勝在乎立威，故亂行者必戮，干紀者必誅。是威者人之所畏也，安得不死戰乎？此楊素馭戒嚴整，不能陷陣還者斬之，士卒有必死之心，是也。傳曰：舍生而取義，事得其宜，則寧死而得義之榮，無生而取不義之辱，則義者人之所慕也。武王以至義伐不義，人安得不同力同德以殺紂乎？法曰：重賞之下必有勇夫，故進有重賞，孰不爭先從命。爲士上賞，孰不遵法。則利者人之所慕也，度尙之所以使三軍死戰破桂陽者，說之以貨也。

凡戰之道，教約人輕死，道約人死正。

所以化天下者約，則人必服其化；所以公天下者約，則人必歸其公。夫令素行以教其民則民服令，有教以化之，修號令，明賞罰者，省而不煩，簡而有要，則用民於戰，人將陷陣先登，以死爲輕矣。夫道者，令與上同意，可與之死，可與之生，而不畏危。今有道以公之，明之以曲直，諭之以老壯，無繁辭，無劇務，則用民於戰，人將獲其死所而得其正也。道教不同，而同於約；輕與正不同，而同於死，非能得民心，何以至此。

凡戰，若勝若否，若天若人。

孫子五事，自一曰道，至於五曰法，其終則曰知之者勝。於七計，自主孰有道，至於賞罰孰明，其終則曰，吾以此知勝負矣。然則上而天時，則有陰陽寒暑時制也。下而人事，則有主將法令士衆也。是戰之爲道，其如勝乎，其如否乎？其如天人乎？必有可知者。如上得天時，下盡人事，則勝矣。如上不得天時，下不得人事，則負矣。然則一勝一負，不卜之他，卜之天人斯可矣。湯武順乎天，應乎人，此其所以勝也。若，或曰：順也。

凡戰，三軍之戒，無過三日；一卒之警，無過分日；一人之禁，無過一息。

人有衆寡，則其令之也有久近。凡戰之法，方治軍之初，必有戒令。三令五申，欲其詳且悉也。諄諄複複，恐人之不知也。是以戒三軍，則三其日；警一卒，則半其日；禁一人，則不過一息耳。萬二千五百人爲軍，則一軍一日故三日。百人爲卒，誓之則半日。若夫一人之禁爲易，詎過一息哉？前言凡三軍人戒分日，人禁不息，不可以分食，蓋言當危懼時，而戒欲其速也，此則令軍之常法也。彼子玉治兵，終朝而鞭七人，貫三人耳，豈古法也哉?!

凡大善用本，其次用末，執略守微，本末唯權，戰也。

法曰：古者以仁爲本，以義治之之謂正，正不獲意則權。仁義則本也，權變則末也；本在所先，末在所後，此執之以略，守之以微，權其先後而用之，斯可以制勝矣。是以古之明兵道之要者，必知先後之序。而造兵機之妙者，又能適先後而致戰。本在所先，故兵道之大，莫善於用本。末在於後，故其次莫善於用末。執此本末之略，守之以微妙之神，可以用本，則施之以仁義；可以用末，則施之以權變，如此斯可以戰矣。苟徒知本而不知末，則爲宋襄矣。阻而不鼓，豈能權其本末乎？知末而不知本，則爲晉侯矣。譎而不正，豈能權其本末乎？盡是用者，其唯湯武乎？天人之心是應，而升隔盟津之謀是用，非善權者能之乎?!

凡勝，三軍一人勝。

朱桓曰：兩軍相對，勝負在將，而不在衆寡，誠哉是言。夫致力以決戰者，軍士之所同；運謀以決勝者，良將之所獨。馬陵之戰，萬弩俱發，三軍之力也。度地運謀而勝龐涓，非孫臏而誰？北城之役，諸軍畢集，三軍之力也。麾之使進而擒安史，非光弼而誰？此凡勝，所以歸之將也。或曰：凡勝者，以一人奮而先登，則三軍隨之而勝，如仁貴之白衣自顯，賈復之鼓勇先登。或曰：一人謂人君有道，故軍可以勝。書曰：一人元良，又曰：一人有慶，非天子不敢當一人之稱。或曰：三軍雖不同，其心如一人，如武之三千臣唯一心，是又一說也。

凡鼓，鼓旌旗，鼓車，鼓馬，鼓徒，鼓兵，鼓首，鼓足，七鼓兼齊。

傳曰：師之耳目在吾旌鼓，是則用兵者，以鼓爲上也。不同者，物之常；然同之者，今有素旆，折羽爲旌，熊虎爲旗，二者皆訢也。而其用非鼓則不能爲指麾，今有以鼓之，則鼓之左麾之右，爲有節矣。禮曰：三鼓作旗，是也。車爲軍之羽翼，馬爲軍之伺候，非鼓不能爲動用，今有以鼓之，疾而前，緩而止，爲有序矣。傳曰：援桴而鼓，馬不能止。禮曰：三鼓，車徒皆作，是也。兵、五兵也，以是鼓之，則趨進有時，擊刺有度矣。禮曰：鼓三發，徒三擊，是也。至於首之所戴，足之所履，人之未知也，故亦從而鼓焉。噫！兵大齊則制天下，古之人欲其六伐七伐而止齊，六步七步而止齊焉者，爲其大齊則天下可制也。今鼓人之鼓，以旌旗則鼓之，以車馬則鼓之，以兵徒首足則鼓之，一有所用，則一爲之鼓，此無他，其所以鼓之者，欲其兼齊也。故終曰：鼓兼齊，周禮大司馬中冬之教，備矣。

凡戰，既固勿重，重進勿盡，凡盡危。

重、再也。魏鄭公曰：人有患疼痛十年，皮骨僅存，便欲負數石米，日行千里，必不救矣。然則用兵者，可不知哉？夫兵不可輕進也。吾既得其固矣，毋得再進焉。雖再進亦無得盡行，若盡進而與人戰者必危。高祖出榮陽至成皋，入關收兵，欲復東，轅生說曰：項王引兵南走，王堅壁勿戰，令榮陽成皋間且得休息，使韓信等安輯河北，王乃復走滎陽，此勿重之說也。

凡戰，非陳之難，使人可陳難；非使可陳難，使人可用難；非知之難，行之難。

按圖布勢，未必皆勝；注的存鵠，未必皆中；拘法陳兵，未必皆可用也。善陣兵者，不求於形勢之外，常存乎心術之中，是以非布陣之難，使人習陣之爲難；非使人習陣之爲難，使人致力用命之爲難；非知之爲難，行之則爲難。黃帝因丘井，以寓兵法八陣之制，世所共知。後世能陣者幾何人？能使人習者幾何人？而其士卒之可用者，又幾何人？數千百載，有諸葛亮者，布陣爲八行；又其下有李衛公者，減爲六花，亮知而行之，卒能强蜀；司馬懿嘆其奇才，靖知而行之，卒能造唐，而四方莫不來服，二人者非惟知之乎？

人方有性，性州異，敎成俗，俗州異，道化俗。

傳曰：五方之民各有性，故齊性剛，秦性强，楚性弱，燕性慤，三晉之性和，是五方各有性也。性雖隨其方，人各隨其州而異焉。傳曰：以俗教安則人不偷，故太公在齊尙賢而易俗，伯禽在魯簡禮而因俗，是教能成其俗也。俗雖因於教，亦各隨其州而異焉。古者千里不同風，百里不同俗，此性也，所以隨州而異也。然天下有不同之民，而聖人有能同之理。大道之行也，天下爲公，吾化以道，則天下一統，六合同風，一歸於道化之中，而無異政殊俗矣，此道之化也，傳所以曰一道德以同俗。

凡衆寡既勝，若否，兵不告利，甲不告堅，車不告固，馬不告良，衆不自多，未獲道。

孫子曰：識衆寡之用者勝，然則以衆擊寡，勝之必也。然有以百萬而敗八千者，非衆不可用，不識所以用之也。以寡擊衆，宜不勝也。然有以三千而敗百萬者，非寡必可用也，識所以用之也。惟其識而用之，故衆以勝寡，而得勝者，無得恃之。常如不勝之時，苟矜前日之功，忘後來之慮，未足以爲勝矣。蓋用之者，聞愷樂，如聽金鼓之聲，登廟堂。如行行軍之間，雖曰已勝，常如未勝之時，故吾之所以勝之者，甲兵也，車馬也。今而既勝，則兵不可言利，甲不可言堅，車不可言固，馬不可言良，苟以是而告人，是輕敵也。其所以不告人者，何也？爲吾衆不自多，其功常如未獲道之時。苟爲不然，則勝而驕之，必爲莫敖狃於蒲騷之役，晉人狃於城濮之戰，吾未見其獲道也。吳子曰：戰勝易，守勝難者，不患不能勝，患無持勝之術也。

凡戰勝則與衆分善，若將復戰則重賞罰，使若不勝，取過在己，復戰則誓以居前，無復先術，勝否勿反，是謂正則。

以謙自處者，將之所以責己；明法申令者，將之所以馭人。夫勝則分善，敗則取過，將之自處以謙也。復戰而重其賞罰，誓以居前，將之明法申令也。是以戰而獲勝，則不居其善，而與衆分之。王鎮惡曰：明公之威，諸將之力。李晟曰：上憑睿算，下賴士心，是皆不專其善，而分之衆也。若又有戰，其可以前日分善之心而諭之乎？必也量其賞罰以勸沮之。進而有功者必賞，退而無功者必罰，賞則勸，罰則沮，所以驅之於復戰也。不幸而不勝，則不分其惡，而取之在己。李廣曰：諸校尉無罰，乃我自失道，司馬景王引二過以歸己，是皆不責於人，而取過在己也。若將又戰，其可以取過之心而告之乎？是必誓以居前，無復前術。始也既勝而分善，今而再戰，勿復以前日分善之心而告之。始也不勝以取過，今而再戰，勿復以前日取過之心而告之。勝否勿反，用前術是正三軍之法則也。莫難治者，三軍之士；莫難言者，治軍之法；吾能盡其治之之術，隨勝否而用之，斯可謂得治軍之法也。

凡民，以仁救，以義戰，以智決，以勇鬬，以信專，以利勸，以功勝。故心中仁，行中義，堪物智也，堪大勇也，堪久信也。

天下未嘗無可用之人，在我貴乎有善用之道，是以上之人，有仁以親之，則三軍慕其仁，莫不左右相助，前後相援，其爲救也出於仁矣。蓋仁者人之所親，以仁豈不相救乎？魯之民，疾視其上而不救，仁不足也。有義以勵之則人慕其義，莫不視敵而前，冒難而進。其爲戰也，固出於義矣，蓋爭義不爭利，以義豈不足戰乎？衛之民受甲不戰者，義不足也。智見恃，故人賴其智以決疑，乃若諸葛謀多決少，奚可哉？勇見方，人賴其勇以盡鬪，楚之民莫有鬪心，奚可哉？若人不信則行其不復行，因其信則莫不專一，民未知信，晉文公伐原以示之，而後人一其心也。取敵之利者貨也，其心既貪於利，又安得不相勸以殺敵哉？先主取益州曰：凡其府庫，孤無與焉，此人所以相勸而勝之也。君舉有功而進享之，無功而勸之，心既急於功，又安有不求勝於敵哉？魏文侯爲三行以享士，及聞秦師，奮擊之者以萬數，此以功而勝之也。凡此皆上之人，有激勸之術，則下之人，各致力而進，此天下皆可用之人也。夫仁不可得而知之也，即其心之所存，斯可以爲仁。義不可得而用也，即其行而可見者，斯可以爲義。傳曰：惻隱之心，仁之端也，是心中仁。又行而宜之之謂義，是行中義。無他？存諸中者，然後爲愛人之恩；見於外者，然後爲制事之宜，中之爲言合也。語曰：言中淸，行中倫。禮曰：員中規，方中矩，皆中之之意也。物來能明，事至能明，此智也，苟爲無智，則不足以下天下之事。捍大患禦大敵，此勇也，苟爲無勇，則不可以任天下之重。存之以誠，持之以久，此信也，苟爲無信，則不能持之以久遠。法之所言，特及此五者，而不及於利與功者，蓋利之與功上之所以勸下。非上之人躬行而帥之也，故不再言也。

讓以和，人以治。

辭遜之德，既行於上，親睦之風，斯成于下，夫上不伐善，遜之至也，人相遜則有功者無好勝之之心，無功者皆勉力而進，和睦如此，則無乖爭陵犯之變，其有不治乎？春秋之時，晉師歸，范文子後入，武子曰：無爲吾望爾也。對曰：師有，功國人喜而逆之，先入必屬人之耳目，是代帥受名也。武子曰：吾知免矣。郤伯見，公曰：子之力也夫。曰：君之訓也，二、三子之力也，臣何力之有？范叔則以爲庚所命也，克之制也。欒伯則以爲燮之詔也，士用命也。是以晉國以治，而人無爭功者，逮之至也。乃若寇恂與賈復有隙，田文與吳起爭功，在上者既不能讓以和，其何以使之輯睦哉？

自予以不循，爭賢以爲人。

善戰者，臨機制變，可也，自取諸己，而不循諸古人之陣迹。張巡教戰出自己意，未嘗依古法；去病言兵自顧方略，不至學古兵法，是知自予以不循者也。乃若房琯用車戰而敗，趙括讀父書而死，安得以語此！官人得則士卒服，略言之矣。夫用兵之際，苟得一人爲之謀主，則三軍有所恃耳，故爭得賢以爲我之人。田忌以孫臏爲師，卒能强齊；蕭何追韓信以拜將，卒能帝漢，皆知爭賢以爲人也。虞不用百里奚而亡，楚不用范增而斃，又烏足語此！

說其心，效其力。

易曰：悅以使民，民忘其勞。夫既有以悅其心，又烏有不盡力以報之。內有以得三軍之心，故外有以得三軍之力。苟其平居之時，無以悅其心，則驅之於萬死一生之地，又何以人人效其力乎？王伯之善撫士卒，故軍士斷髮請戰；王翦之椎牛享士，故軍士投石超距。乃若魯之民疾視其長上，衛之民受甲而不戰，非民之效力也，無以悅其心也。

凡戰擊其微靜，避其強靜；擊其倦勞，避其閑窕；擊其大懼，避其小懼，自古之政也。

夫戰之法，合於利而動，不合於利而止，敵則能戰之，少則能逃之，用兵者之所通知也。故擊其惰歸，避其銳氣，此孫子言擊之避之之術也。不卜而與之戰，不占而避之，此吳子論擊之避之之術也。勢之虛實在乎敵，兵之用否在乎我。故微而靜，則怠惰而無備，非眞靜也，故擊之。若强而靜，則法令明士卒服，此眞靜也，故避之。倦勞則委靡不振，故可擊。閑窕則其力有餘，故可避。大懼則一軍盡懼，故可擊。小懼則必知謹備，故避之。凡此皆古之用兵之政然也。

用衆

凡戰之道，用寡固，用衆治，寡利煩，衆利正。用衆進止，用寡進退，衆以合寡，則遠裹而闕之。若分而迭擊，寡以待衆，若衆疑之，則自用之，擅利則釋旗，迎而反之。敵若衆則相衆，而受裹。敵若寡，若畏，則避之開之。

孫子曰：識衆寡之用者勝，然則兵之爲用，皆可以取勝也，特患乎不知所以用之耳。此以下皆言用衆寡之術也。夫寡則易散，不可不固其心。衆則易亂，不可不治其法。寡則力不足，不固則無以爲援。衆則力有餘，不治則人得以輕進。寡則利煩，謂其雜以示强也；如更衣而出入，是也。衆則利正，謂其治以明法也。煩則可以自固，正則可以自治。若夫用之之際，則有進有止。人既衆可以進，難以退。故進則進，不可進則止者，所以自固也。若退、則恐其煩亂而難止。苻堅百萬敗於淮淝者，以其揮軍以退亂莫能止也。寡則人少，故可進，不可進則退，易於進退也。李陵三千敗於匈奴，不知退而自固，所以敗也。衆以合寡，則我强而彼弱。法曰：十則圍之，又曰：倍則分之，故遠圍而缺其一，而使敵人分散離其心。又且分兵迭擊，然後可以勝之也。若以寡而當彼之衆，我不足而彼有餘，士見其衆必生疑心，吾當自用以決其疑。我既得其利，則示弱以誘敵去其旗，迎敵之來，而反與之戰。韓信伐趙，信棄旗走水上軍，擊破陳餘，是也。敵人若用衆，則相視我一人，而視敵之衆，吾之心必堅。敵如寡而無援，又且有畏懼之心，吾能避之，恐其死戰而致敗也。

凡戰，背風，背高，右高，左險，歷沛，歷圮，兼舍環龜。

知天知地，勝乃可全，此兵之道也。背風，此知天也。背高右高，至於兼舍環龜，此知地也。法曰：

風順致呼而從之，則背風取其順也。法曰：高陵勿向，故背高，據其利勢也。右背山陵，戰之法也。故高陵居其右前。左水澤，戰之法也，故險阻居其左。若夫沛者，卑溼之地，圮者，水毀之地。法曰：絕斥澤唯亟去無留。又曰：圮地無舍，行軍至沛圮之地，當歷而過之。若不得已，而不能歷此，而居焉，則當兼舍而爲環龜之勢。軍行三十里爲一舍，兼行六十里也。六十里之中，其地廣矣，其中必有高陽之地，故處爲環龜之勢。其形中高而旁下，居處其高，所以防水淹也。一說謹其次舍，而爲環龜之形，則左右前後皆得以相救，所以備淹襲也。

凡戰，設而觀其作，視敵而舉。待則循而勿鼓，待衆之作，攻則屯而伺之。

所以料敵者，既盡其至，則所以制敵者，斯有成功。方兩軍相對，吾必有以料之，故設而形之，以觀其作之如何？或寇而速去之，或挑戰而誘之，如孔明遺巾幗以怒宣王，宣王屯陽遂以餌諸葛，是也。既設而觀其作，又當量敵而進，慮勝而會，如孫臏料龐涓之可殺，陳湯知胡兵不能當漢兵，是也。若其有待，則循而無得鼓之，鼓之則氣竭也。曹劌曰：一鼓作氣，再而衰，三而竭，故當循而勿鼓也，必當待吾之士卒有作勇而起者然後用之。王翦伐荊，苟不因其投石超距，必不可以破荊。王伯伐茂建，苟不因其斷髮請戰，必未可以破茂建，此所以待衆之作也。若彼來攻我，我則謹其所守而固之，不可率應也。應之以率，則輕而寡謀，故伺其隙而後進。

凡戰，衆寡以觀其變，進退以觀其固，危而觀其懼，靜而觀其怠，動而觀其疑，襲而觀其治。

有以形敵而後可以察敵，故或示之以寡，或示之以衆，彼必有以應我，吾可以知其變焉。或示之以進，或示之以退，彼之所守爲如何？吾足以知其所固也。如井陘之兵，數萬號三十萬，希顥之兵不過千人？此以衆寡觀其變也。孫子半進半退者誘也，吳使刑人進退之示楚，此以進退觀其固也。懼生於危，吾迫之以危殆，以觀其恐懼之心，左賢王以四萬騎圍，李廣自如，安能危之哉？忽起於靜，吾鎭之以寂靜，以觀其怠惰之心，皇甫嵩討張魯，閉營休士以觀其變，知職稍怠，潛擊破之。動必有疑，示之以動，則彼將疑焉，故挑戰以誘其來，僞北以誤其進，此宣王遣周當以疑孔明，遣吳般以疑陸遜，是也。將襲之，彼必恐襲其不備，彼必亂也，故邀前搏後，聲東擊西，杜預陳兵江陵而襲樂鄉，光弼欲旗鼓而襲思明。法曰：作之而知得失之計，角之而知有餘不足之處，亦此意也。

擊其疑，加其卒，致其屈，襲其規。因其不避，阻其圖，奪其慮，乘其懼。

三軍之災，生於狐疑；三軍之害，猶豫最大；則狐疑之心，進退不可也，其不可擊乎？苻堅之軍，望八公山草木皆人形，是堅之心疑矣，安得不爲謝玄所擊。猛虎之猶豫，不如蜂蠆之致螫；孟賁之狐疑，不如童子之必至；倉卒之際，支捂之不能，其可不先有以加之乎？史思明方飯，而光弼提輕兵往擊之，彼之心屈於我，我當有以致之。寇恂斬使，而致高峻之屈服，彼其謀方爲之規畫，我則有以襲之，陸抗破堰，而羊叔子之謀爲抗所襲矣，不若則避之。今而不能避，是不量力也，吾則因其可敗之勢而勝之，若皇甫嵩避彼才之銳，彼又安得而因之乎？圖者，方謀之於心而未發，吾則阻之，使不得謀焉。此漢用汲黯，進南寢謀，是也。先人有奪人之心，奪者，心之機，彼方思慮，而吾能奪之，此亦陸抗破堰，以奪羊祜之慮也。法曰：擊其大懼，則彼有憂懼之心，吾則乘而擊之，此亦謝玄因苻堅之心怖而乘之也。凡此皆在敵有可勝之勢，在我有制勝之術也。

凡從奔勿烏敵人，或止於路，則慮之。

淮南子曰：見敵之虛，乘而勿服也，退而勿舍也，迫而勿去也。是以敵人奔北，而我追之，毋得休息，息則奔者緩，緩則謀生，此曹劌所以乘齊師也。敵人若止於道傍以待我，我則慮之，無得輕進也。此法曰逐奔不遠，苟不能計度者必追之，必將蹈韓信李牧之機矣。李靖曰：從奔者其可無慮乎?!

凡近敵都必有進路，退必有返慮。

見可而進，知難而退，軍之善政也。故入敵之地深，其取敵之都爲甚近也，吾當圖其有必進之路。此班超計焉耆葦橋之險不可渡，乃更從他道以到其城下，是也。若夫不可而退，其可不爲返慮乎?夏侯尙攻江陵，入渚中，以浮橋往來，董昭曰：夫兵好進惡退，常然之數，當深入遠遁，宜利兵有進退，不可不如，是也。管子曰：通於出入之路，則深入而不危，正此也。

凡戰，先則弊，後則懾，息則怠；不息亦弊，息久亦反其懾。

法曰：無爲天下先，戰先人而動，徒自勞也。又曰：後至而趨戰者勞，後人而動必自懼也。善戰者，後人發先人至，所以先立不敗之地，而不失敵之敗也，斯可以戰矣。此趙奢縱反間，而趨北山，秦人爭之而不得，是也。常人之情倦勞則必息，息久則愈倦。詩曰：有苑者柳，不尙息焉。是息者所以舒其勞，故戰之法不可息，息則心必怠而不振，苟不息則亦大勞而弊。若息而久，不獨怠也，不獨弊也，勇敢之心喪，果毅之氣衰，反爲畏懼者矣。此荊軍之三日三夜不頓舍而從李信戒此者也。

書親絕，是謂絕顧一慮。

公以忘私，國以忘家，臣子報上之心也。況在軍旅之中，就行列則忘其親，冒矢石則忘其身，書之與親，其可少輟意於其間乎?曰書曰親，未能絕之，則情有所牽係，却顧不能前，返慮不能齊矣。善將者，當其在軍之際絕親，知有敵而不知有親，知有戰而不知有書，此所以併絕之與?夫是之謂絕其顧一其慮，關羽吏士聞使至家，家致問，手書示信，家國無患，無有鬭心，是不知絕顧一慮也。李晟令軍中曰：通家問者斬，知絕顧一慮者也。

選良次兵，是謂益人之强。

練選良材，以爲選鋒，次序其兵，以爲先後，可以益吾軍之强。且法雜乘其車，善養其卒，猶謂之勝數而益强，況選良次兵，其不謂之益强乎?!

棄任節食，是謂開人之意。

出軍之日，必有資裝抱持而行者，必有糧食賫糗而往者，今於此則弃其糗糧之食，不幾於不仁乎?所以爲是者，將以開導三軍之意，而使之死戰也。項羽命三日之糧，度尙焚營中之財，皆所以導人必死之意也。

自古之政也。

言是法也，其實出於古司馬法也，如曰因古則行。又曰：古者以仁爲本。又曰：古者逐奔不過百步，古者國容不入軍，古者賢王，古者戍軍。若此數者，皆准古而用。故其所言，皆以古爲說。此所以終之以自古之政也。

國家圖書館出版品預行編目資料

姜太公兵法／呂尚著. -- 初版. -- 新北市：華夏出版有限公司, 2022.02

面； 公分. -- (Sunny 文庫；184)

ISBN 978-986-0799-47-7(平裝)

1.兵法 2.謀略 3.中國

592.0915 110015186

Sunny 文庫 184

姜太公兵法

著 作 呂尚

印 刷 百通科技股份有限公司

電話：02-86926066 傳真：02-86926016

出 版 華夏出版有限公司

220 新北市板橋區縣民大道 3 段 93 巷 30 弄 25 號 1 樓

電話：02-32343788 傳真：02-22234544

E-mail： pftwsdom@ms7.hinet.net

劃撥帳號 19508658 水星文化事業出版社

總 經 銷 貿騰發賣股份有限公司

新北市 235 中和區立德街 136 號 6 樓

電話：02-82275988 傳真：02-82275989

網址：www.namode.com

版 次 2022 年 2 初版一刷

特 價 新台幣 320 元 (缺頁或破損的書，請寄回更換)

ISBN-13：978-986-0799-47-7